TECNOLOGIAS EDUCACIONAIS

Dados Internacionais de Catalogação na Publicação (CIP)

C287t   Carmo, Valéria Oliveira do.

Tecnologias educacionais / Valéria Oliveira do Carmo. – São Paulo, SP : Cengage, 2016.

Inclui bibliografia e glossário.

ISBN 978-85-221-2893-8

1. Tecnologia educacional. 2. Ensino à distância. 3. Professores - Formação. 4. Informática na educação. 5. Aprendizagem. 6. Software educacional. I. Título.

CDU 37:004
CDD 371.3078

Índice para catálogo sistemático:

1. Tecnologia educacional   37:004

(Bibliotecária responsável: Sabrina Leal Araujo – CRB 10/1507)

TECNOLOGIAS EDUCACIONAIS

CENGAGE

Austrália • Brasil • México • Cingapura • Reino Unido • Estados Unidos

Tecnologias Educacionais

Conteudista: Valéria Oliveira do Carmo

Gerente editorial: Noelma Brocanelli

Editoras de desenvolvimento:
Gisela Carnicelli, Regina Plascak e Salete Guerra

Coordenadora e editora de aquisições: Guacira Simonelli

Produção editorial:
Fernanda Troeira Zuchini

Copidesque: Sirlene M. Sales

Revisão: Rosângela Gandini e Renata Eanes Hägele

Diagramação e Capa:
Marcelo A. Ventura

Imagens usadas neste livro por ordem de páginas:
Daniilantiq/Shutterstock; Syda Productions/Shutterstock; enciktepstudio/Shutterstock; cromic/Shutterstock; photo5963/Shutterstock; BrAt82/Shutterstock; Viktorus/Shutterstock; Maglara/Shutterstock; romvo/Shutterstock; ideyweb/Shutterstock; Goodluz/Shutterstock; totallyPic.com/Shutterstock; Syda Productions/Shutterstock; Goodluz/Shutterstock; venimo/Shutterstock; BrAt82/Shutterstock; Antonio Gravante/Shutterstock; sbko/Shutterstock; nmedia/Shutterstock; Sergey Nivens/Shutterstock; Antonio Guillem/Shutterstock; Fejas/Shutterstock; robuart/Shutterstock; VoodooDot/Shutterstock; Sergey Nivens/Shutterstock; Grasko/Shutterstock; Goodluz/Shutterstock; wavebreakmedia/Shutterstock; Trueffelpix/Shutterstock; Oleksiy Mark/Shutterstock; Alexander Supertramp/Shutterstock

© 2016 Cengage Learning Edições Ltda.

Todos os direitos reservados. Nenhuma parte deste livro poderá ser reproduzida, sejam quais forem os meios empregados, sem a permissão por escrito da Editora. Aos infratores aplicam-se as sanções previstas nos artigos 102, 104, 106, 107 da Lei nº 9.610, de 19 de fevereiro de 1998.

Esta editora empenhou-se em contatar os responsáveis pelos direitos autorais de todas as imagens e de outros materiais utilizados neste livro. Se porventura for constatada a omissão involuntária na identificação de algum deles, dispomo-nos a efetuar, futuramente, os possíveis acertos.

Esta editora não se responsabiliza pelo funcionamento dos links contidos neste livro que possam estar suspensos.

Para permissão de uso de material desta obra, envie seu pedido para
direitosautorais@cengage.com

© 2016 Cengage Learning Edições Ltda.
Todos os direitos reservados.

ISBN 13: 978-85-221-2893-8
ISBN 10: 85-221-2893-6

Cengage Learning Edições Ltda.
Condomínio E-Business Park
Rua Werner Siemens, 111 - Prédio 11
Torre A - Conjunto 12
Lapa de Baixo - CEP 05069-900 - São Paulo - SP
Tel.: (11) 3665-9900   Fax: 3665-9901
SAC: 0800 11 19 39

Para suas soluções de curso e aprendizado, visite
www.cengage.com.br

Impresso no Brasil
Printed in Brazil

Apresentação

Com o objetivo de atender às expectativas dos estudantes e leitores que veem o estudo como fonte inesgotável de conhecimento, esta **Série Educação** traz um conteúdo didático eficaz e de qualidade, dentro de uma roupagem criativa e arrojada, direcionado aos anseios de quem busca informação e conhecimento com o dinamismo dos dias atuais.

Em cada título da série, é possível encontrar a abordagem de temas de forma abrangente, associada a uma leitura agradável e organizada, visando facilitar o aprendizado e a memorização de cada assunto. A linguagem dialógica aproxima o estudante dos temas explorados, promovendo a interação com os assuntos tratados.

As obras são estruturadas em quatro unidades, divididas em capítulos, e neles o leitor terá acesso a recursos de aprendizagem como os tópicos *Atenção*, que o alertará sobre a importância do assunto abordado, e o *Para saber mais*, com dicas interessantíssimas de leitura complementar e curiosidades incríveis, que aprofundarão os temas abordados, além de recursos ilustrativos, que permitirão a associação de cada ponto a ser estudado.

Esperamos que você encontre nesta série a materialização de um desejo: o alcance do conhecimento de maneira objetiva, agradável, didática e eficaz.

Boa leitura!

Prefácio

É comum associamos o termo "tecnologia" ao conceito de inovação, de mudança, de evolução. Todavia, se aprofundarmos a análise dessa associação, chegaremos à conclusão de que nem sempre a tecnologia estará atrelada a algo novo.

O responsável pelo aprimoramento da tecnologia é ninguém mais do que o ser humano. É dele que advém as criações que atenderão às suas próprias necessidades (necessidades essas que poderão, em certas ocasiões, corresponder ao conforto ou comodidade pelo que procura o ser humano).

Afinal, qual é o reflexo da tecnologia no cenário da educação? Quais vantagens os avanços tecnológicos poderão proporcionar para a área do conhecimento e aprendizagem?

As respostas a essas e outras perguntas este material sobre Tecnologias Educacionais tentará responder.

O leitor vai conhecer um pouco mais sobre as tecnologias: o que são, de onde surgiram e para que servem. Além dos conceitos básicos, apresentados na Unidade 1, temas como os recursos tecnológicos na área educacional superior e a sua importância também serão abordados e debatidos de forma bem didática.

A Unidade 2 apresentará assuntos concernentes à formação do professor para o uso das tecnologias e a importância da formação do docente e ferramentas como a internet e dispositivos móveis.

Na Unidade 3, serão explorados temas sobre os ambientes virtuais e educação a distância.

Finalmente, na Unidade 4, o leitor estudará os softwares mais utilizados no âmbito da educação e os métodos de avaliação existentes na área da educação.

É fato que a tecnologia faz parte da vida do homem e essa convivência não é recente. Não se trata apenas de conforto, mas de necessidade de se ter em mão as evoluções tecnológicas. Sem a evolução humana, ela não existiria. Sem o aprimoramento tecnológico, o ser humano já teria sucumbido.

Boa leitura.

Bons estudos.

UNIDADE 1
EDUCAÇÃO E TECNOLOGIAS: DO PASSADO AO PRESENTE

Capítulo 1 Tecnologias: O que são? Como surgiram? Para que servem?, 10

Capítulo 2 O computador na educação, 13

Capítulo 3 Tecnologias digitais na educação: por que elas são importantes?, 18

Capítulo 4 Recursos tecnológicos da didática no ensino superior, 20

Capítulo 5 Tecnologias e educação: tecendo algumas considerações, 27

Glossário, 29

1. Tecnologias: O que são? Como surgiram? Para que servem?

Para falarmos sobre tecnologias educacionais, precisamos entender de modo mais amplo o que são as tecnologias, como e porque elas surgiram.

O termo tecnologia é polissêmico e multifacetado, podendo ser associado a uma variedade de significados, sendo empregado em diferentes contextos. Nos dicionários, aparece associado às técnicas, processos, métodos, meios e instrumentos de um ou mais ofícios ou domínios da atividade humana (indústria, ciência, entre outros).

No senso comum, o termo tecnologia, no singular, ou tecnologias, no plural, quase sempre costuma ser utilizado apenas para referir-se a tudo aquilo que traz algum tipo de novidade, o que é novo, o que traz inovação. Essa é uma confusão conceitual que aparece com muita frequência, pois convivemos, atualmente, com muitas tecnologias. Devido a isso, já não é possível defini-las desse modo.

Kenski (2014) ressalta em suas discussões que a tecnologia é tão antiga quanto a espécie humana, e tem como principal elemento o uso do raciocínio. É a partir do uso deste raciocínio que diversos equipamentos, recursos, produtos, processos e instrumentos são criados.

Nem sempre a tecnologia é, necessariamente, algo inovador, ou melhor dizendo, o próprio significado da inovação na contemporaneidade é complexo de ser entendido, pois a velocidade das mudanças tecnológicas é constante, e o surgimento de uma tecnologia não implica necessariamente no desaparecimento de outra.

Tecnologia, de modo geral, pode ser considerada como tudo aquilo que o homem cria e/ou utiliza para atender suas necessidades. Pensando assim, podemos entender que, em diferentes épocas históricas da humanidade, existiram formas diferentes de tecnologia: o homem, utilizando o conhecimento para construção de coisas úteis como o fogo, a roda, a escrita, outros meios de comunicação e, até mesmo, os meios de transportes que foram aperfeiçoando-se ao longo dos anos, vem utilizando a tecnologia, até chegarmos ao estágio atual de desenvolvimento tecnológico.

Observe as imagens a seguir:

É possível identificar, na comparação feita entre as imagens, que se tratam dos mesmos objetos, em épocas diferentes. Todavia, o uso deles nunca deixou de ser o mesmo. A roda continuou sendo roda, e o rádio continuou sendo rádio, ainda que o modelo mais recente apresente design e funções avançadas. Mais do que isso: cada um deles emprega em si diferentes tipos de tecnologias na sua construção e utilização. Um exemplo dessa evolução são as rádios que hoje somos capazes de ouvir através de computadores, smartphones e outros equipamentos **multimídia**.

Com essa exposição, é possível compreender que nem sempre a tecnologia representa inovação.

Se pensarmos nos meios de comunicação que surgiram ao longo da história, vamos compreender que eles foram aperfeiçoando-se, ou desdobrando-se em outros meios, mas quase sempre, com algumas exceções, coexistiram e continuaram sendo simultaneamente utilizados, como é o exemplo do rádio acima ilustrado em sua evolução de analógico para digital. Embora sua origem remonte a aproximadamente 1896, existe até hoje, e mesmo com o surgimento de tantos outros recursos e ferramentas de comunicação mais avançadas, ele permanece sendo uma tecnologia utilizada na sociedade contemporânea.

Pensando de modo mais amplo, reduzir a definição de tecnologia apenas ao "modo, instrumento ou ferramentas utilizadas para fazer as coisas" seria um erro. A tecnologia trata também, e sobretudo, do conhecimento empregado para construção científica. Um exemplo disso é o avanço tecnológico na área médica, no conhecimento construído através da pesquisa sobre prevenção e tratamento de doenças: isso é, fundamentalmente, tecnologia. Sendo assim, é possível perceber que o conceito de tecnologia é amplo e diversificado. Na tentativa de uma síntese, sem esgotar as demais possibilidades de conceituação, vamos apresentar uma definição que engloba alguns dos principais elementos encontrados em dicionários e livros sobre o tema.

ATENÇÃO: Tecnologia é um conjunto de elementos que envolve: conhecimento, ferramentas, processos e materiais criados para atender às necessidades humanas. Pode também referir-se à técnica para produzir ou utilizar algo.

A conceituação acima nos permite compreender a amplitude que o termo tecnologia envolve. Se observarmos ao nosso redor, iremos identificar que a maior parte de tudo que utilizamos e fazemos no nosso cotidiano envolve, diretamente ou indiretamente, a tecnologia.

É importante também fazermos um esclarecimento quanto à utilização de outro termo que ainda costuma ser citado quando se discute tecnologias, que é o conceito de novas tecnologias.

De um modo simples, tal termo está centrado na tentativa de fazer a distinção entre o que são "tecnologias antigas" e o que são as "tecnologias mais recentes", e surgiu no contexto do advento das tecnologias da informação e comunicação e sua confluência com as telecomunicações e informática. Porém, precisamos ter cuidado com esta classificação na atualidade, pois como afirma Kenski (2014) ela é variável e contextual, sendo confundida muitas vezes com inovação, o que provoca certa dificuldade, pois como já mencionamos anteriormente, com a velocidade de transformação do conhecimento e criação de novos equipamentos, instrumentos e procedimentos, torna-se difícil elencar critérios para considerar o que seria o "novo" nas tecnologias atuais.

Se pensarmos no contexto atual, veremos que tudo aquilo que fazemos envolve tecnologias: os meios de transporte que utilizamos, os smartphones, os caixas eletrônicos e até mesmo os alimentos que consumimos, pois muitos deles são industrializados e envolvem tecnologias em sua produção.

De um modo geral, e repetindo um pouco do que foi mencionado anteriormente, as tecnologias servem para atender necessidades e solucionar problemas, que podem ser de várias ordens: locomoção, alimentação e saúde, comunicação, etc. Além destas, uma das funções atribuídas também às tecnologias é a de contribuir para a educação através de diferentes instrumentos e ferramentas que possibilitem aos sujeitos aprender e se desenvolver cada vez mais.

Agora que já definimos tecnologia de maneira geral, vamos pensar no que define as Tecnologias da Informação e Comunicação (TICs), pois estas serão o objeto específico da nossa análise, já que estamos discutindo Tecnologias Educacionais, e estas estão inseridas no contexto das TICs.

Como o próprio termo já diz, as Tecnologias da Informação e Comunicação servem para informar e comunicar, correspondendo assim a todos os meios e processos que envolvem a comunicação humana.

A necessidade de se comunicar é natural do ser humano e esteve presente em toda a história da humanidade. A expressão das emoções, ideias e desejos, o registro dos fatos e a troca de informações contribuíram significativamente para que as práticas de comunicação fossem, ao longo da história da humanidade, aprimoradas, das pinturas rupestres, passando pelos primeiros códigos verbais, da invenção da escrita à comunicação digital contemporânea.

E é sobre as tecnologias digitais que iremos nos debruçar mais adiante.

2. O computador na educação

É interessante voltar no tempo e compreender a origem de objetos que atualmente estão incorporados ao nosso cotidiano, pessoal e profissionalmente falando. Para nós, tais objetos já se tornaram tão comuns que sequer lembramos que um dia eles não existiram. Quer dizer, para quem nasceu até os anos 1990, certamente as memórias tecnológicas (mais avançadas) limitam-se aos filmes de ficção científica.

A verdade é que hoje, os computadores, *ipods*, *tablets*, *ipads*, *smartphones* e outras tantas tecnologias muitas vezes são considerados extensões

do nosso corpo. A ausência de um desses objetos altera a realização de muitas das nossas atividades diárias. E isso nos leva a refletir o quanto a tecnologia altera as formas de pensar e agir. E é exatamente por isso que atualmente se atribui a ela um importante papel no âmbito da educação.

O termo computador vem de computar, que tem o significado de "contar, fazer cálculos, efetuar operações". Apesar dos computadores eletrônicos terem efetivamente aparecido a partir da década de 1940, os princípios e fundamentos em que seu funcionamento se baseia remontam à épocas anteriores. Há indícios históricos de computadores mecânicos criados em 1890 por um norte americano chamado Hermann Hollerith, passando deste para um modelo eletromecânico em 1944 aproximadamente, até o surgimento efetivo em 1946 do primeiro computador eletrônico e digital automático, com um peso elevadíssimo. Há registros que mencionam que seu peso seria de 4,5 toneladas. É interessante destacar que este modelo inicial já possuía uma estrutura básica de computador: memória principal e auxiliar, unidade de processamento de dados e dispositivos de entrada e saída de dados, que foi gradativamente sendo aprimorada.

A partir da década de 1950, iniciou-se uma diminuição do tamanho e do custo dos computadores, que foi fruto das pesquisas dos circuitos e chips, e possibilitaram a construção de equipamentos de menor tamanho e peso. Mas somente em 1976 é que surge, de fato, o primeiro computador pessoal, da marca Apple I, como uma invenção dos americanos Steve Jobs e Stephan Wozniak. Daí para frente outros modelos e marcas surgiram, como o Personal Computer da IBM em 1981, já utilizando o Sistema Operacional MS-DOS da Microsoft, conforme imagem apresentada a seguir:

Lançado em 12 abril de 1981 com a denominação de IBM 5150, este computador foi o produto de uma equipe de doze engenheiros e um projetista, na Flórida.

Nos anos 1990, surgiram os computadores que reúnem diversas funcionalidades, tais como: processamento de dados, modem, secretária eletrônica, *scanner* e **drive** de CD-ROM, que posteriormente foi superado com o lançamento do DVD (*digital video disc*), e que na atualidade já caiu em desuso pelo avanço dos mecanismos de armazenamento de informações digitais, como os *ipods*, cartões de memória, hds externos, entre outros.

Daí por diante, veio o aperfeiçoamento da internet, que embora tenha surgido na Guerra Fria com objetivos militares, passou a ser utilizada no meio acadêmico em 1970 e em 1990 nos Estados Unidos. Mas, somente em meados da década de 1990 é que ela começou a alcançar, de modo geral, a população, a partir do aprimoramento e convergência da informática e das telecomunicações, e do desenvolvimento da **interface** WWW (Word Wide Web), que permite a navegação online por páginas virtuais, em um sistema hipermídia ligado por procedimentos eletrônicos.

Atualmente, já não é possível mensurar o número de modelos de computadores, sistemas, ferramentas, dispositivos, aplicativos, entre outros. Há uma variedade de alternativas tecnológicas, que reúnem diferentes funções, anteriormente realizadas de modo compartimentado. Os *smartphones*, *ipads* e tabletes ganharam bastante espaço, seguindo a linha das **mobiles** que agregam funcionalidade, facilidade e flexibilidade para realizar tarefas como ler, se comunicar, escrever, ir ao banco, fazer compras e outras infinitas possibilidades.

Como você pode ver, as tecnologias têm muita história para contar, muitos caminhos percorridos para chegar até o estágio atual de desenvolvimento. Isso nos faz pensar e projetar: como serão os equipamentos que utilizamos hoje daqui a dez ou vinte anos? Que tipo de atividades estaremos fazendo? Como a comunicação e as relações pessoais e profissionais se darão nesse processo?

Quando voltamos o nosso olhar para o passado, somos capazes de perceber o quanto o computador e as demais tecnologias da informação e comunicação modificaram a nossa forma de viver, de estudar e de trabalhar.

As potencialidades das tecnologias no âmbito educacional

A popularidade do computador e sua utilização na educação veio gradativamente. As universidades estrangeiras foram pioneiras nas experiências com o uso do computador na educação.

Segundo pesquisadores da área, dentre os quais Valente (1999), há registros já nos anos 1960 de softwares de instrução programada que foram implementados no computador e, desse modo, deram origem à instrução auxiliada por computador ou o Computer-Aided Instruction (CAI). Esse ensinamento tinha relações diretas com a teoria de Skinner e sua ideia de condicionamento para a aprendizagem, na qual havia o sistema de recompensa. O aluno era recompensado ou não conforme suas atitudes e decisões. Entretanto, como estes programas eram utilizados em computadores de grande porte, ficava inviável a sua utilização na maioria das escolas.

Nos anos de 1970 nos Estados Unidos, iniciou-se a informática educacional, ainda de modo bastante tímido, pois eram algumas poucas escolas de 1º e 2º graus que a adotavam. No Brasil, foi na Universidade Federal do Rio de Janeiro (UFRJ) em 1973 que o Núcleo de Tecnologia Educacional para a Saúde e o Centro Latino-Americano de Tecnologia Educacional usou o computador no ensino de Química, através de simulações.

Ainda no mesmo ano, a UFRGS - Universidade Federal do Rio Grande do Sul - realizou experiências através de simulações de fenômenos da Física. A maioria das universidades brasileiras utilizava o microcomputador I 7000, da Itautec, que possibilitava o uso dos caracteres da Língua Portuguesa. No entanto, este modelo não chegou às escolas e o seu uso ficou restrito à pesquisas.

Passados quatro anos, em 1974, a Universidade de Campinas (UNICAMP) desenvolveu um software implementado em linguagem BASIC, que foi usado pelos alunos do curso de Mestrado em Ensino de Ciências e Matemática.

A TENÇÃO! Foi com o surgimento de microcomputadores, principalmente os da marca Apple, que as escolas começaram a ter acesso a programas que compreendiam jogos educacionais, simulações, exercício e prática, entre outros.

Segundo Valente (1999), a informática na educação no Brasil já era bem desenvolvida nos anos 80, quando houve a implantação do programa de informática em educação, que teve início com os Seminários Nacionais de Informática. Esses seminários ocorreram em Brasília e na Bahia, e estabeleceram um programa de atuação que originou o EDUCOM. Os centros de pesquisa do projeto EDUCOM trabalharam no sentido de criar ambientes educacionais usando o computador como recurso facilitador do processo de aprendizagem, através do qual o educando seria capaz de aprender com a ajuda do computador, e com isso proporcionar mudanças pedagógicas.

É possível perceber pelas informações mencionadas anteriormente que a implementação dos computadores no âmbito educacional não é algo recente. O início desse processo remonta há décadas. Mas, então, porque falar sobre o uso de computadores e tecnologias na escola ainda causa tantas questões, dúvidas, contradições e equívocos? Convém refletirmos primeiramente sobre a abordagem equivocada que a presença do computador na escola provoca. Muitas vezes o que se verifica é que tal elemento assume um caráter meramente técnico, de ensinar e aprender os usos do computador em si mesmo. Em outras palavras, utilizar com eficiência os recursos que o computador oferece não torna a aprendizagem mais atraente ou qualitativa.

Para discutirmos isso, vamos entender um pouco mais sobre as formas e usos do computador pelo professor.

Não há consenso sobre a utilização que os professores fazem do computador na Educação. Iremos aqui resgatar o que alguns pesquisadores trazem sobre esta temática.

Para isso, resumimos as principais ideias em cinco grupos:

- **O computador como indispensável para aulas**, tendo em vista o fato dele ter se tornado um novo fenômeno, não só tecnológico, mas também social. Dada a sua onipresença, os educadores acreditam que seja útil, indispensável. Os estudantes de hoje devem estar preparados para viver em uma sociedade altamente informatizada e, portanto, o computador deve ser apresentado aos alunos o mais cedo possível.

- **O computador como necessário para o mercado de trabalho**, sendo assim, consequentemente, a Escola tem a função de adotá-lo, uma vez que a maioria das pessoas irá usá-lo como ferramenta profissional. Devido a isso, desde cedo as crianças precisam utilizá-lo para aprender a manuseá-lo.

- **O computador para ensino das disciplinas do currículo escolar tradicional**, assim o computador na educação deve ser um instrumento para o ensino das matérias através de instrução programada. Ele pode envolver programas de exercício e prática, tutoriais, simulações e até mesmo jogos. Essa concepção é muito próxima do que geralmente se tem em mente quando se fala em "Computer-Assisted Instruction" (CAI). Situam-se nesse grupo os professores que utilizam o computador como "máquinas de ensinar" de Skinner, anteriormente mencionadas.

- **O computador para aprender programação**, engloba aqueles que defendem a ideia que se deve ensinar a programar o computador. Para alguns, além das habilidades de programação propriamente ditas, o computador ajudaria a desenvolver habilidades cognitivas, que auxiliariam na solução de problemas, pensamento criativo, aprendizagem por ensaio e erro, entre outros. O foco estaria apenas na aprendizagem automatizada.

- **O computador como ferramenta sempre benéfica** - como o computador possui inúmeras funções, ele é cognitivamente benéfico, sendo importante colocar computadores à disposição no processo de aprendizagem e deixar que os estudantes encontrem as formas de utilizá-los, cabendo a eles escolher qual é a mais adequada.

É importante observar que em todas as abordagens apresentadas acima, o computador é utilizado de uma maneira que meramente substitui ou duplica métodos educacionais tradicionais, que a escola já está habituada a desenvolver. Não há, no uso do mesmo, nenhuma alteração profunda no processo de ensino, muito menos no de aprendizagem, nem ambos são vistos como complementares e interdependentes. Isto nos faz refletir que, embora o computador tenha sido introduzido na educação, não houve ainda inovações significativas. Para que isso ocorra, é necessário que haja uma transformação profunda nas concepções, objetivos e métodos de ensino tradicionais, ainda fortemente presentes nas salas de aula.

3. Tecnologias digitais na educação: por que elas são importantes?

Para falarmos especificamente em tecnologias digitais na educação, precisamos compreender por que elas são importantes, a partir da própria essência do conceito de educação e seu papel na sociedade.

Para isso, vamos refletir um pouco...

Se a educação, numa definição geral é ampla, referindo-se ao desenvolvimento da capacidade física, intelectual e moral dos sujeitos para uma melhor integração na vida em sociedade, as tecnologias digitais, em toda sua diversidade e amplitude, estão diretamente ligadas a esse processo e assumem nele um papel relevante.

Como afirma Kenski (2014), as tecnologias modificam as nossas formas de pensar e agir, e isso altera o modo como nos relacionamos com as informações e consequentemente com o saber, e exatamente por isso as tecnologias estão diretamente imbricadas nos processos de aprender e de ensinar.

Ocorre porém, que a inserção das Tecnologias Digitais na Escola não é uma simples mudança de metodologia, ou a mera aplicação de um recurso, pois se assim o fosse, o uso da televisão, do computador e da lousa digital já teriam provocado as mudanças no sistema educacional que toda a sociedade espera.

Na atualidade, há uma série de políticas públicas e programas voltados para a **inclusão digital** de professores e alunos, além de existir uma indústria de materiais tecnológicos para a educação: são *softwares* educativos, coleções de livros e vídeos digitais nas diversas áreas, **plataformas online**, aplicativos para móbiles, entre outros. Fora tudo isso, ainda há uma série de produções acadêmicas voltadas para a pesquisa sobre as TICs na educação, milhares de livros e manuais publicados, blogs e sites sobre as tecnologias na educação.

Já discutimos anteriormente algumas concepções presentes nas escolas sobre os usos do computador na aprendizagem. Vamos agora pensar um pouco no exemplo de uma ferramenta tecnológica clássica, a televisão. Com todos os seus recursos de imagem, som e movimento, o seu uso na sala de aula permite uma aproximação ao mundo real dos fenômenos e objetos. Consequentemente, seria possível aproximar o estudante dos conteúdos ensinados. E o que dizer então das lousas digitais e dos *softwares* educativos? Dos simuladores virtuais disponíveis na internet, entre tantas outras interfaces digitais? Muitos são os recursos digitais disponíveis para ampliar as perspectivas de ensino e de aprendizagem dos sujeitos. Mas porque que será que, com tudo isso, a escola ainda não se caracteriza como um espaço de inovação?

Voltando ao exemplo da televisão, sem generalizar seu uso inadequado, mas pensando de modo crítico, em muitos casos é comum vê-la sendo utilizada indevidamente: vídeos longos sem roteiro de análise ou discussão posterior são apresentados aos estudantes. O uso de modo não planejado, como "passatempo da aula", provoca desmotivação e uma visível incompreensão das potencialidades deste recurso para a aprendizagem. Esse é apenas um dos equívocos cometidos quando se trata de utilizar a televisão na aprendizagem.

Outro exemplo, também comum, são as pesquisas na internet. Algumas vezes os estudantes são levados a "pesquisar" na internet, como se por si só essa tarefa desenvolvesse neles habilidades e competências. O fato é que, com raras exceções, se discute na sala de aula o que é a pesquisa, para quê os alunos a estão fazendo, como ela deve ser feita, etc. A coleta, a leitura e análise das informações obtidas, nada disso é abordado. Mais sério ainda: às vezes são propostas atividades de pesquisa para serem feitas fora da sala de aula ou em aulas extras, mas quando os alunos retornam, tais pesquisas não são apresentadas e validadas na coletividade para uma análise crítica. Muitas vezes, sequer são lidas. E muitos professores queixam-se que os alunos "copiam" e "colam" da internet. Mas vamos então nos perguntar: será que alguém já os ensinou a fazer de modo diferente? Ou melhor, será que as pesquisas estão sendo apresentadas para os estudantes com a real importância que elas merccem? Se a resposta for não, certamente muitos alunos continuarão copiando e colando, sempre que lhes forem solicitadas atividades de pesquisa na internet.

O que podemos pensar com todas essas situações?

Por mais que se utilizem na educação os recursos tecnológicos disponíveis, se não houver mudanças nas concepções e práticas pedagógicas, nada se altera. A relação com o saber permanece a mesma: estática, fria, isolada, desprovida de sentido. Muitas vezes só é modificada a forma de fazer algo, mas a essência permanece a mesma.

Vamos agora pensar na utilização do computador em sala de aula, especificamente as apresentações em PowerPoint. Embora a apresentação possa trazer inúmeros recursos audiovisuais como animação, cores e formas diversificadas, se o professor faz da aula um monólogo, nada mudará em relação à utilização desse recurso. O movimento da aula será o mesmo, como se o professor estivesse utilizando o quadro negro e o giz.

O fato é que se o educador continuar sendo compreendido e compreendendo-se como o centro da aprendizagem, o conhecimento for entendido como um processo de transmissão, e a aprendizagem como um processo de recepção, seja qual for a tecnologia utilizada, não haverá espaço para motivação e diversidade de aprendizagens, não haverá interação, diálogo, muito menos o estímulo ao desenvolvimento da autonomia intelectual do estudante.

Freitas (2008) alerta para o fato de que a integração do computador à realidade educacional pressupõe modificações na organização escolar e no currículo no próprio espaço da sala de aula. Sabe-se que este não é um processo simples e rápido. Ao longo do tempo mudanças vem ocorrendo, mas é preciso que os professores modifiquem suas concepções sobre ensinar e aprender, compreendendo que as tecnologias oferecem inúmeras possibilidades educativas, e muito podem contribuir para a melhoria da qualidade da educação.

Nesse sentido, feitas as análises críticas à experiências equivocadas de utilização das tecnologias, iremos discutir as possibilidades e potencialidades que elas apresentam para a didática no ensino superior.

4. Recursos tecnológicos da didática no ensino superior

Observe a figura a seguir e analise o que a imagem retrata:

Agora reflita sobre a infinidade de possibilidades tecnológicas que encontramos na atualidade para promover a aprendizagem. Há uma variedade de fontes, ferramentas e estratégias que favoreçem este processo. E é sobre isso que iremos nos debruçar mais adiante.

Antes de iniciarmos nosso debate sobre a utilização das tecnologias como recursos didáticos no ensino superior, vamos resgatar um pouco das bases da didática e seus desdobramentos no ensino superior, para que assim possamos fazer reflexões mais pertinentes quanto ao papel que a tecnologia assume na tarefa de ensinar.

As definições encontradas em dicionários de uso corrente da língua portuguesa conceituam didática como termo de origem grega "didaktiké", que traz como significado a arte do ensinar. A didática tem como precursor Jan Amos Comenius, que publicou um *Tratado da arte universal de ensinar tudo a todos*, publicado em 1657. De lá para cá, a didática assumiu um status de ciência, sendo muito discutida na atualidade, sobretudo no campo da pedagogia, mas entendendo-se também como assunto de extrema importância no campo do ensino superior.

Por tratar-se da ciência que tem como objeto os processos de ensino e aprendizagem na sala de aula, a didática se insere no campo das metodologias de ensino. Porém, não se resume a isso, sendo muito mais ampla, por estender-se a tudo aquilo que se relaciona aos processos de ensino e aprendizagem, tais como as concepções e práticas de ensinar e aprender, os currículos, o planejamento e os processos avaliativos.

Nos **paradigmas** atuais da educação, a didática assume papel relevante nos processos educacionais, tendo em vista a intencionalidade da ação educativa, intencionalidade essa que precisa ser crítica e reflexiva, no sentido de compreender a complexidade da prática pedagógica.

Nesse sentido, os elementos da ação didática não podem ser resumidos à aplicação de métodos ou técnicas. Na atualidade, uma classificação muito utilizada define os seguintes elementos do triângulo didático (conforme apresentado na figura 1) como centrais: o professor, o aluno, o saber (o objeto do conhecimento), o contexto da aprendizagem e as estratégias metodológicas.

Figura 1 – Triângulo Didático

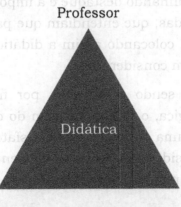

Na figura 2, a seguir, é possível observar que a didática está inserida no macrocampo dos elementos envolvidos na prática educativa, englobando os elementos que envolvem a ação de ensinar. O professor é visto como um sujeito com intencionalidade de ensinar, que possui concepções sobre o objeto do ensino (saber) e traz consigo respostas às seguintes perguntas: porque ensinar? Para que ensinar? Como ensinar (estratégias metodológicas)? Na sua ação mediadora, ele se relaciona com um sujeito para o qual os elementos da didática são direcionados: o aluno. E na relação professor, aluno e saber encontra-se o contexto de aprendizagem. Da junção interativa de todos esses elementos, resulta a didática, que tem como finalidade primordial o resultado da ação educativa.

Figura 2

É no cerne dessa discussão da didática em geral, e de modo particular da didática no ensino superior, que se insere o debate sobre as tecnologias e os recursos didáticos.

Como primeiro ponto, devemos refletir sobre o papel do professor no ensino superior na contemporaneidade. Muito se tem discutido sobre essa temática, e uma das questões que vem ganhando destaque é a importância do **saber ensinar**, superando as visões polarizadas, que entendiam que para ensinar algo, bastaria ter domínio sobre este saber, colocando assim a didática como algo em segundo plano, ou sequer levando-a em consideração.

Atualmente essa visão vem sendo contestada, por não ser coerente com os paradigmas atuais. Nessa lógica, o professor, além do domínio sobre seu campo do saber, para efetivação de uma aprendizagem satisfatória, precisa de uma ação didática consciente, que, considerando todos os elementos envolvidos na ação de ensinar e aprender, construa resultados satisfatórios.

É nesse contexto que se ressalta a importância das tecnologias como recursos didáticos no ensino superior. Em primeiro lugar, porque o desenvolvimento de competências e habilidades em todas as áreas do conhecimento perpassa pela utilização das tecnologias. Segundo, porque as tecnologias ressignificam o nosso pensamento e a nossa ação. Terceiro, porque as fontes de informações são variadas e diversas, e é preciso saber lidar com elas, utilizando-as a favor da aprendizagem dos sujeitos. Quarto, porque a prática pedagógica é enriquecida pelo uso das tecnologias, favorecendo o desenvolvimento de uma didática diversificada, no que se refere às estratégias pedagógicas. Quinto, porque o papel do professor no contexto da tecnologia exige dele uma ação consciente e promotora de novas aprendizagens, tanto dos alunos, quanto das suas próprias reelaborações do conhecimento. O educador deve ter uma ação que se configure mediadora da aprendizagem e que desenvolva nos sujeitos a curiosidade científica, a ressignificação do conceito de aprender, e sobretudo a autonomia intelectual dos estudantes.

Segundo Masetto (2013), os termos Tecnologias, Aprendizagem e Mediação Pedagógica são indissociáveis quando se discute educação. Para o referido autor, há algum tempo atrás o debate sobre as tecnologias nos processos educacionais oscilava entre usar ou não a tecnologia para ensinar e aprender. Hoje esse debate já se encontra superado, e o foco de discussão agora é a Mediação Pedagógica com a integração das tecnologias.

O termo mediação possui sentido amplo, mas no âmbito educacional refere-se à relação entre professor, estudante e aprendizagem, tendo o professor um papel fundamental como alguém que está entre o estudante e o saber a ser apreendido, e que nesse contexto atua ativamente como um facilitador do processo de aprendizagem.

> *A*TENÇÃO! *A mediação pedagógica pressupõe uma atitude positiva do professor diante do processo de construção do conhecimento, mediação esta que ocorre de diferentes formas e com diversos recursos didáticos. Quanto mais ampla for a visão do professor sobre a importância da mediação pedagógica, maiores as condições do sujeito aprender. E nessa perspectiva, é preciso considerar que as Tecnologias ocupam um lugar de destaque por oferecerem inúmeras possibilidades para o aprimoramento da mediação pedagógica.*

Convém ressaltar aqui a distinção entre **Mediação Pedagógica** e **Mediação Tecnológica**, dois termos muito semelhantes, mas que não são sinônimos. O primeiro, refere-se diretamente aos processos de ensino e aprendizagem, e o segundo aos processos de mediação promovidos pela tecnologia de modo geral. Para entendermos melhor, vamos pensar na variedade de softwares e aplicativos que existem hoje, por exemplo, em celulares, tablets e outras mídias. Alguns de nós os utilizam por diversão, entretenimento, necessidade pessoal, razões profissionais, entre outros. É possível identificar que há um processo de mediação entre o sujeito que utiliza e a tecnologia que é utilizada, e esta mediação, por sua vez, é assumida por esses recursos, tendo cada um deles uma intencionalidade para que possamos aprender algo.

Agora vamos pensar na Mediação Pedagógica. Ela pressupõe uma intencionalidade, alguém que ensina e alguém que aprende, e nesta relação são selecionados instrumentos, ferramentas e procedimentos para que os objetivos de aprendizagem sejam alcançados. Sendo assim, o professor, ao selecionar aquilo que considera pertinente como recurso didático, pode criar estratégias para utilizar algo, que a priori não tenha sido pensado para as ações educacionais, mas que, dependendo do uso que o professor fizer, poderá se tornar um recurso didático.

Sendo assim, podemos fazer três considerações importantes: 1) Nem toda mediação pedagógica é necessariamente tecnológica (aqui falando em tecnologias digitais, porque se pensarmos em tecnologia geral, a própria linguagem é uma delas e aí, poderíamos considerar que toda mediação pedagógica envolveria algum tipo de tecnologia); 2) Nem toda Mediação Tecnológica é essencialmente pedagógica, já que mesmo que o sujeito aprenda algo novo nos usos da tecnologia, não havia intencionalidade a priori quando tal ferramenta foi criada. Como exemplo, podemos mencionar as redes sociais, que a princípio não foram pensadas para ensinar, mas atualmente, há um grande número de professores que cria comunidades para que os alunos dialoguem além da sala de aula convencional e socializem conhecimentos; 3) A Mediação Pedagógica com uso de Tecnologias apresenta maiores possibilidades para o sujeito aprender. Os recursos multimidiáticos favorecem a aprendizagem, enriquecem as práticas docentes e diversificam as oportunidades de construção do conhecimento.

Nessa lógica, abordaremos a seguir algumas possibilidades das tecnologias na esfera das estratégias didáticas e no processo de mediação pedagógica. Longe da presunção de dar conta neste livro da interminável lista de ferramentas e recursos existentes na atualidade, o que se pretende aqui é apresentar algumas dessas ferramentas, demonstrando que é possível, de modo simples, ampliar nossas perspectivas didáticas com a utilização das tecnologias.

- O estudo e a pesquisa como bases da formação do professor e do aluno - Utilização das bases e repositórios institucionais digitais online – Atualmente é possível encontrar uma variedade de fontes de pesquisa para as várias áreas de conhecimentos, tanto para a formação do estudante, quanto para a atualização didático-científica do professor. Tratam-se de bibliotecas, bancos de teses, repositórios de textos de domínio público, revistas científicas, entre outros. Na perspectiva do desenvolvimento da autonomia

Unidade 1 – Educação e tecnologias: do passado ao presente

intelectual, a pesquisa, leitura e seleção de materiais hoje disponíveis virtualmente, muito favorece a prática pedagógica do professor, assim como possibilita ao aluno desenvolver suas habilidades de estudo e elaboração das suas sínteses de aprendizagens.

- Mapas conceituais como sistematização das aprendizagens – a utilização de aplicativos para elaboração de mapas conceituais online - Os mapas conceituais favorecem a organização e sistematização das ideias, promovendo uma síntese dos conceitos, seus significados e suas relações. No ensino superior torna-se necessário instrumentalizar o estudante de possibilidades para suas aprendizagens, sendo que a utilização de mapas é uma atividade prática que favorece a construção pessoal e coletiva das aprendizagens. Atualmente existe uma variedade de aplicativos disponíveis para este tipo de estratégia didática. Muitos deles sem custos financeiros para o professor ou instituição, o que favorece ainda mais as possibilidades de utilizá-los como recurso didático em aulas no ensino superior.

- Construção de aprendizagens compartilhadas – A utilização dos recursos e ferramentas de colaboração online tais como chats, grupos de discussão e produção de textos, apresentações de slides, entre outros. A interação entre os estudantes na construção do conhecimento é reconhecida como uma importante ferramenta para aprender. A mediação dos pares, a interlocução, a negociação de diferentes pontos de vista e as elaborações individuais e coletivas, enriquecem o repertório de conhecimentos dos sujeitos. E no que diz respeito às tecnologias digitais? A oportunidade de dialogar e construir com os pares fora do tempo e espaço da sala de aula, ou até mesmo estando nele mas de modo ampliado, numa interação que envolve atividades presenciais e virtuais, separadas ou ao mesmo tempo, favorece a ampliação do tempo e espaço das aprendizagens. Hoje é possível encontrar diversos aplicativos, a maioria em plataformas de uso livre e gratuito, que oferecem aos estudantes ferramentas de bate-papo coletivos, com produção simultânea de textos, gráficos em programas como o Word, Excel, dentre outros, nos quais as atividades são construídas e editadas por todos online, podendo ser acessadas em tempo real, por estudantes que estão distantes geograficamente, mas interligados por objetivos de aprendizagem. Assim, é possível elaborar formulários e apresentações de slides de modo compartilhado, bastando para tanto o acesso à internet. Vê-se, pois, que o professor assume um papel relevante, pois ele dará sentido à utilização dessas ferramentas com foco na aprendizagem formal dos alunos, conduzindo e mediando todo o processo de aprendizagem.

- Ampliação do tempo e espaço pedagógico para além da sala de aula - a adoção de um modelo híbrido que utilize aulas presenciais com recursos virtuais

- os recursos virtuais ampliam o tempo da aula presencial e favorecem o desenvolvimento da aprendizagem, na medida em que facilitam o diálogo que se configura como múltiplo. Exemplo disso são os professores que adotam para suas aulas presenciais um ambiente virtual para interação e alguns debates da área temática estudada. É possível encontrar atualmente softwares livres e de fácil configuração e manuseio, para que os professores montem salas de aula virtuais, que funcionarão como recursos adicionais para a aprendizagem dos alunos, troca de experiências e a diversificação das atividades. Nesses ambientes é possível postar vídeos, filmes, textos digitais, enviar links de sites, blogs e páginas de pesquisa que interessem aos estudantes de cada área.

PARA SABER MAIS! Acesse o link https://moodle.org/ e conheça a plataforma de utilização livre. A página é em inglês, mas é possível modificar o idioma e explorar o que este ambiente oferta em termos de recursos digitais. Acesse: <https://moodle.org/?lang=es>. Acesso em: 12 de maio de 2015.

- A reestruturação das apresentações dialogadas na sala de aula: o lugar que o data show ocupa na sala de aula - Ainda é comum encontrar profissionais que utilizam os recursos de apresentação de slides tais como se usava o quadro-negro no passado. Na verdade, o problema não está no objeto em si, mas na forma como ele é utilizado. Tanto um quanto outro podem, de fato, ser utilizados de modo estático, sob uma pseudodiscussão, ou de modo diversificado, no qual o movimento do ensino e da aprendizagem se dê de modo satisfatório. Sendo assim, sabe-se que um projetor de slides digital oferece muito mais possibilidades de recursos audiovisuais do que um quadro-negro. Mas voltamos a dizer: é preciso saber utilizá-lo para que ele efetivamente ocasione o resultado esperado. Na atualidade é possível encontrar uma série de recursos para construção de material audiovisual, programas, softwares e aplicativos, pagos ou gratuitos, que fornecem apresentações totalmente interativas, com movimento, possibilidade de uso de canetas digitais para registro simultâneo, tal qual se faz com o giz no quadro-negro, hiperlinks, hipertextos, luz, imagem, som e movimento. Nessa lógica, é indiscutível a contribuição destes recursos para as estratégias didáticas docentes.

- Gameficação como estratégia de ensino - O avanço da tecnologia tem colocado em evidência novas formas de ensinar, e dentre estas se encontram as possibilidades oferecidas pelos games na educação. Longe de ser a mera aplicação de jogos à educação, o processo de gameficação pressupõe a criação de ambientes de aprendizagem baseados em games. Hammer e Lee (2011) conceituam como gameficação a dinâmica e as estruturas que os jogos utilizam para promover a aprendizagem, ou seja, não é a utilização do jogo em si, mas a estrutura lúdica que o mesmo possui. É importante destacar também que o professor não precisa ser um expert em tecnologia para promover a gameficação. Ideias simples iniciadas com o propósito de motivar, tal como nas missões dos jogos, já é um bom começo.

As indicações anteriormente mencionadas buscam, de modo simples e objetivo, trazer algumas possibilidades iniciais de utilização das tecnologias como recurso didático, demonstrando que a principal atitude docente diante das tecnologias precisa ser imbuída da ideia de que não existem receitas mágicas, capazes de transformar a educação, mas que atitudes simples podem dar o pontapé inicial para a reinvenção da sala de aula.

Para tanto, é preciso acreditar na educação, nas tecnologias e nas pessoas, e entender que essa tríade é indissociável. Podemos começar com os atos mais simples, modificando nossas práticas, revisitando nossas certezas e repensando o ensinar e o aprender no contexto das tecnologias, porém, lembrando sempre que até mesmo a tecnologia mais revolucionária pode se tornar obsoleta se não houver intencionalidade e ação pedagógica eficiente.

5. Tecnologias e educação: tecendo algumas considerações

Na tentativa de sistematizar nossa discussão ao longo desta Unidade, precisamos tecer algumas considerações:

Em primeiro lugar é preciso considerar que as tecnologias evoluem junto com o ser humano ao longo da história, e este processo está sempre inacabado. Ou seja, estaremos sempre construindo e reconstruindo nossos modos de ser e de agir nos contextos sociais em que vivemos. Portanto, é necessário pensar que a educação deve desenvolver nos sujeitos a capacidade e a motivação para aprender e reaprender sempre.

Em segundo lugar, é necessário que o professor, enquanto agente essencial da transformação social, seja capaz de compreender sua função nesse processo. Ele precisa ir muito além das visões simplistas que entendem a tecnologia como uma mera ferramenta. Ela é poder, é conhecimento, é senso crítico, é saber lidar com a avalanche de informações que circulam todos os dias. O trabalho pedagógico com a tecnologia precisa desenvolver nos sujeitos seu pensamento, raciocínio e criticidade.

Em terceiro lugar, as instituições de ensino precisam reinventar-se, transformando-se em lugares atraentes para os jovens das novas gerações, que nascem imersos num mundo que é multimidiático, hipertextual, repleto de hiperlinks, simulações e redes cada vez mais conectadas. Certamente, essa mudança é necessária, sob pena destes espaços tornarem-se cada vez mais obsoletos e sem sentido para quem ensina e para quem aprende.

Em quarto e último lugar, é preciso fazer convergir a favor da educação tudo aquilo que pode garantir a ela o seu papel de instituição promotora do conhecimento, descobridora de talentos, propulsora da equidade social e garantidora de uma sociedade mais justa, humana e solidária.

Glossário – Unidade 1

Drive – software que permite a comunicação dos componentes do computador.

Inclusão digital – termo utilizado para referir-se à democratização do acesso e domínio das ferramentas tecnológicas como mecanismo de inserção na sociedade.

Interface – conceito que envolve a presença de ferramentas para movimentação e uso de sistemas de informações, que promovem a comunicação.

Mediação pedagógica – relação de ensino e aprendizagem que se estabelece entre o professor, o aluno e o conhecimento.

Mediação tecnológica – relação entre o sujeito e as ferramentas tecnológicas, na qual a tecnologia exerce um papel de mediadora para a realização de alguma ação.

Mobiles – expressão utilizada para se referir a algo que é móvel. No contexto da tecnologia, relaciona-se a smartphones, ipad, tabletes, por tratarem-se de mídias móveis.

Multimidia – conjunto de elementos que veiculam informações com o uso simultâneo de diversos meios de comunicação, mesclando texto, som, imagens fixas e animadas.

Paradigmas – conjunto de ideias, valores e crenças que servem de modelo ou padrão a ser seguido por um determinado grupo de pessoas.

Plataformas online - refere-se à tecnologia utilizada para desenvolvimento de cursos através da internet.

Saber ensinar – expressão utilizada para designar os conhecimentos relacionados à didática no processo de ensino, que ultrapassam o simples domínio do conteúdo a ser ensinado, mas que compreendem os conhecimentos pedagógicos necessários à ação de ensinar.

UNIDADE 2

TECNOLOGIAS NA EDUCAÇÃO SUPERIOR: FORMAÇÃO DOCENTE, COMPETÊNCIAS E HABILIDADES

Capítulo 1 O uso das tecnologias pelo professor de educação superior e a relação com o paradigma educacional dominante, 32

Capítulo 2 Competências necessárias para o uso das tecnologias na educação superior, 35

Capítulo 3 Formação do professor para o uso das tecnologias, 38

Capítulo 4 Alternativas para a otimização do trabalho docente com as tecnologias, 42

Glossário, 48

1. O uso das tecnologias pelo professor de educação superior e a relação com o paradigma educacional dominante

Com vimos na unidade anterior, o uso das tecnologias na educação não é algo tão recente, mas na atualidade vem tomando grandes proporções, fazendo parte de todas as etapas do processo educacional, desde o planejamento do ensino até a avaliação da aprendizagem. Há também um incentivo do poder público, através de suas próprias políticas, programas e projetos, para que o uso das tecnologias na educação seja cada vez mais ampliado e intensificado.

Percebe-se uma constante exigência para que o professor se aproprie dos mais variados recursos tecnológicos, como o *tablet*, a lousa virtual, o *datashow*, dentre outros equipamentos multimídia. O principal objetivo dessa apropriação é fazer com que os professores tornem suas aulas mais dinâmicas e atrativas, para satisfazer as necessidades de aprendizagem de uma geração de estudantes que nasceu na era digital.

De acordo com Moran (2012), as crianças têm uma relação de prazer com a mídia, não se sentindo obrigadas a aprender, como ocorre na escola. Antes mesmo de chegarem à instituição de ensino, essas crianças já passaram por um processo de educação através da mídia eletrônica, em especial da televisão que, em tese, educa enquanto entretém.

Na educação superior não é muito diferente. Principalmente com o acesso dos estudantes à internet, seus recursos e universo de informações ultrapassam os limites da sala de aula e do próprio computador.

As imagens a seguir apresentam o uso em sala de aula de dois tipos de recurso: o quadro-negro e a lousa virtual.

Existem diferenças na metodologia do professor no uso de um recurso ou do outro? A lousa virtual é uma nova tecnologia ou é mais do mesmo? É importante entender, como colocado na unidade anterior, que o uso das tecnologias não irá definir o caráter inovador do ensino, mas sim como elas são usadas pelo professor.

Como afirma Araújo (2012), embora o professor utilize a lousa virtual em sala de aula, muitas vezes ela acaba assumindo a função de um quadro-negro. Mesmo reconhecendo que as tecnologias possibilitam novos modos de ensinar e aprender, muitos professores adotam uma prática tradicional de ensino, na qual ele é o detentor do conhecimento e os estudantes apenas receptores do conteúdo, sem um papel ativo no processo de ensino e aprendizagem.

É importante compreender, inicialmente, que trabalhar com tecnologias na educação superior implica, portanto, superar o paradigma educacional dominante, que é caracterizado como um saber já pronto e fechado. O professor precisa instituir uma nova prática educativa, cujas concepções ultrapassem o saber engessado do paradigma tradicional. Paradigmas são os pensamentos, valores e percepções do sujeito que constituem sua visão da realidade. Essa visão é a base de como uma sociedade está organizada. Cunha (2005) afirma que a prática e o desempenho do professor estão relacionados ao conjunto de crenças e valores, frutos de sua história e experiência de vida.

O educador, por diversas vezes, reproduz em sua prática educativa o paradigma educacional que é predominante, mesmo que seja de cunho tradicional. Cunha (2005) atribui como principais influências na prática do professor universitário:

- a sua experiência como estudante (pedagogia reprodutiva e tradicional);

- a lembrança de alguma experiência diferenciada que o marcou (relação teoria-prática); e

- as experiências de práticas político-sociais na sua trajetória.

Ainda de acordo com Cunha (2005), o professor rompe com paradigmas quando:

- está insatisfeito com a sua prática;

- conta com uma estrutura de apoio que auxilie a reflexão e a reconstrução;

- trabalha coletivamente;

- realiza leituras; e

- tem sensibilidade para questões político-sociais.

Dando continuidade à discussão, Branson (1990) apresenta o desenvolvimento histórico dos paradigmas educacionais, conforme os esquemas a seguir:

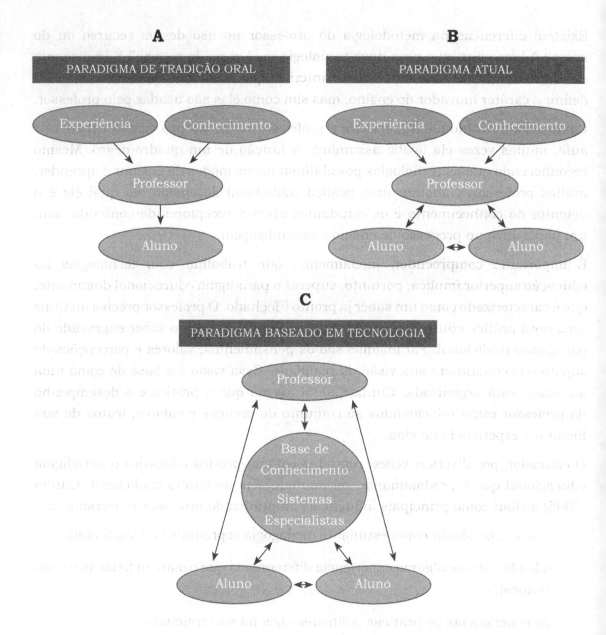

Fonte: Esquema elaborado a partir dos Modelos de Ensino do Passado, Presente e Futuro, Branson (1990).

No paradigma tradicional oral, o professor é o centro do processo de ensino e o único detentor do conhecimento e das experiências. Cabe ao aluno ser o receptor das informações. É possível observar que nesse modelo de ensino não há interação entre professor-aluno e aluno-aluno.

Quando o autor fala sobre o paradigma atual, ele está se referindo ao paradigma vivenciado em meados de 1990, ano em que o trabalho foi publicado. Nesse modelo de ensino, o professor continua sendo o centro do processo. Observamos, porém, uma interação entre alunos e professores. O paradigma baseado em tecnologia se assemelha à realidade educacional vivenciada na atualidade, na qual estudantes

Unidade 2 – Tecnologias na educação superior: formação docente, competências...

e professores acessam o conhecimento de forma colaborativa, com o auxílio dos recursos tecnológicos.

Como se pode observar, as mudanças educacionais resultantes do uso das tecnologias já eram previstas pelos estudiosos, porém, muitos professores continuam presos a paradigmas tradicionais e ainda desacreditam das contribuições das tecnologias para o processo de ensino e aprendizagem, resistindo à utilização dos recursos tecnológicos em suas aulas.

Alguns educadores também alimentam certo medo ou aversão às tecnologias, por acharem que não conseguem dominá-las, ou até preocupados em perder seu espaço para elas.

*PARA SABER MAIS! Você já ouviu falar em **tecnofobia** e **tecnofilia**? Conheça um pouco mais sobre esses termos fazendo pesquisas na internet.*

É importante também compreender que o professor, no exercício de sua função docente, precisa ter certa precaução para não creditar que a tecnologia vai resolver todos os problemas educacionais existentes. O educador deve adotar uma posição crítica diante dos modismos que envolvem o uso das tecnologias na educação.

Você provavelmente chegou a um ponto dos estudos em que já consegue perceber que a tecnologia auxilia o professor no processo de ensino, mas de que forma e com qual objetivo esse recurso será utilizado é o professor quem determina, a partir da sua formação, crenças e valores. Portanto, alguns estudiosos afirmam que utilizar os recursos tecnológicos mais atualizados disponíveis na educação a favor da aprendizagem requer do professor a apropriação de algumas competências distintas daquelas associadas ao método tradicional de ensino.

É sobre as competências necessárias para o uso das tecnologias na educação superior que vamos falar em seguida.

2. Competências necessárias para o uso das tecnologias na educação superior

Antes de tratar das competências necessárias para que o professor faça uso das tecnologias, é importante entender o significado do termo "competência". Perrenoud (1999) define competência como a capacidade de mobilizar recursos cognitivos para solucionar com eficácia várias situações dos diversos contextos (profissionais, sociais, educacionais, entre outros). A competência é composta por três elementos: conhecimentos, habilidades e atitudes.

O conhecimento diz respeito ao saber do sujeito em relação a determinados fenômenos, processos e situações observadas na realidade.

> P*ARA SABER MAIS! Você sabia que existe diferença entre conhecimento e informação? Alguns teóricos afirmam que a informação só se transforma em conhecimento quando refletimos sobre ela e a aplicamos em diferentes situações reais.*

As habilidades são bastante confundidas com competências, porém, elas se referem às ações operacionais que não exigem uma reflexão mais profunda, como cortar cabelo ou desenhar. As atitudes estão relacionadas ao enfrentamento de situações ou a prontidão para agir, a partir de um conjunto de crenças, valores, intenções e vontades do sujeito. Uma pessoa pode ter conhecimentos e habilidades para solucionar um determinado problema, porém, sua atitude não se encaminha para a superação desse problema.

Agora que você já conheceu um pouco mais sobre o que é competência, vamos identificar quais as competências necessárias para que o professor da educação superior utilize de forma adequada os recursos tecnológicos.

Uma das competências é a tecnológica, que envolve tanto o domínio das ferramentas para integrar tecnologias ao processo de ensino e aprendizagem, como também a aplicação adequada dos seus recursos. Não basta conhecer o recurso e não saber como utilizá-lo conscientemente no processo de ensino, visando à aprendizagem dos estudantes. De acordo com Kenski (2012), o professor deve conhecer também como fazer o uso crítico das tecnologias (computador, redes, rádio, televisão, vídeo, dentre outras) nas diversas e variadas atividades educacionais.

Apenas o domínio das tecnologias não é suficiente, pois o professor precisa também desenvolver a competência pedagógica, relacionada ao saber fazer e ensinar. O professor deve conhecer os conteúdos que serão ensinados e a didática que será aplicada para que o estudante aprenda efetivamente.

> P*ARA SABER MAIS! Você sabe o que é didática? Ela é uma teoria geral do ensino que estuda o próprio ensino e a instrução, a partir da escolha dos conteúdos e técnicas que serão desenvolvidos pelo professor em suas aulas, buscando torná-los mais atrativos para os estudantes.*

Para desenvolver a competência pedagógica o professor precisa:

- conhecer bem seus estudantes (a quem ensinar?) – seu nível de conhecimento, sua experiência de vida e diferenças culturais;
- desenvolver e utilizar estratégias pedagógicas eficientes (como ensinar?) – definindo os recursos que vai utilizar como a sua metodologia, o material didático e a avaliação da aprendizagem;
- conhecer as finalidades da educação e do conteúdo que será ministrado (para que ensinar?) - quais os objetivos de ensino definidos para o conteúdo que será estudado;

Unidade 2 – Tecnologias na educação superior: formação docente, competências...

- conhecer o espaço de ensino (onde ensinar?) – esse espaço pode ser físico ou virtual;
- identificar os objetos do conhecimento (o que ensinar?) – que conhecimentos são importantes e significativos para os estudantes.

Os autores Valente e Bustamante (2009) falam sobre a competência reflexiva, que se refere à capacidade do professor de refletir sobre a sua prática. É a reflexão na ação, ou seja, a importância do professor questionar a relação teoria e prática, sendo capaz de atuar de modo significativo sobre os objetos (recursos tecnológicos). O professor deve refletir sobre a prática, conseguir utilizar adequadamente os recursos disponíveis e direcionar o ensino para seu objetivo maior, que é a aprendizagem do estudante.

Alguns autores falam da competência socioafetiva, em especial em relação ao uso das mais novas **tecnologias da informação e comunicação (TICs)**. A socioafetividade diz respeito ao gerenciamento do processo de ensino e aprendizagem via web, tais como:

- administrar conflitos, orientar e intervir nos momentos necessários;
- saber motivar os estudantes;
- provocar a reflexão e o diálogo;
- coordenar discussões;
- construir relacionamentos.

Além das competências citadas acima, podemos destacar como aspectos significativos para o desempenho do professor da educação superior que utiliza as tecnologias:

- formação inicial sólida;
- busca por uma formação continuada, que auxilie no aperfeiçoamento da sua prática educativa;
- sensibilidade para questões políticas e sociais;
- desenvolvimento de um trabalho colaborativo com estudantes e outros professores;
- apoio da instituição de ensino;
- preocupação em suas aulas com a relação teoria e prática;
- compreensão dos limites e possibilidades das tecnologias.

É importante que a formação inicial possibilite ao professor apropriar-se dos conhecimentos pedagógicos, dentre eles, o planejamento do ensino, as teorias da aprendizagem, a concepção e os métodos de avaliação, além de permitir o conhecimento dos limites e possibilidades dos recursos tecnológicos para a educação. O interesse do professor pelo aperfeiçoamento da sua prática é outro fator relevante para que ele possa dar continuidade ao seu processo formativo e assim manter-se atualizado quanto às mais novas tendências educacionais e os recursos tecnológicos disponíveis.

Para entender a influência das tecnologias na sociedade moderna, é necessário que o professor desenvolva uma sensibilidade para as questões sociais, compreendendo que a tecnologia também pode ser utilizada a serviço dos indivíduos, e em especial na educação para a formação dos estudantes. Vale destacar que a tecnologia faz parte de uma cultura e de uma história, e como tal ela não pode ser pensada separadamente das questões sociais.

A preocupação com a relação teoria e prática deve ser inerente ao professor, pois como afirmam Prado e Almeida (2009), os conhecimentos teóricos e práticos se complementam na medida em que um realimenta o outro e possibilita ao professor compreender o conhecimento que foi construído na prática escolar.

O professor precisa, também, desenvolver um trabalho colaborativo, valorizando as relações de convivência social, a discussão e aceitação das ideias e a troca de experiências entre professor/professor e professor/estudante. Desse modo, o educador consegue atingir mais facilmente o objetivo de ensino proposto, utilizando os recursos tecnológicos disponíveis.

Será que somente a vontade do professor é suficiente para que ele alcance as competências necessárias para o uso adequado das tecnologias em suas aulas? Kenski (2012) defende que é preciso considerar também os aspectos relacionados às condições de trabalho desses profissionais, se a instituição superior na qual ele trabalha reconhece e valoriza suas competências, oferece uma formação inicial de qualidade e cursos de aperfeiçoamento e dispõe de um plano de carreira sólido. O professor tem o desejo de melhorar suas competências profissionais, mas muitas vezes não tem o suporte necessário para seu desenvolvimento por parte da instituição em que ele atua.

Vale ressaltar que o professor que tem interesse em melhorar suas competências profissionais, além de refletir sobre sua prática, precisa buscar uma aprendizagem permanente através da formação continuada.

3. Formação do professor para o uso das tecnologias

Com o desafio de desenvolver práticas inovadoras que promovam a aprendizagem dos alunos e a construção do conhecimento, o professor da educação superior necessita de uma formação que o faça conhecer e vivenciar metodologias diferenciadas para o uso dos recursos tecnológicos.

É importante destacar que ter uma formação inicial que possibilite ao professor refletir e conhecer as várias ciências (filosofia, sociologia, psicologia, dentre

Unidade 2 – Tecnologias na educação superior: formação docente, competências...

outras), as concepções defendidas pelas teorias da aprendizagem e as tendências pedagógicas é o primeiro passo para o desenvolvimento da sua prática educativa.

Outro fator relevante é a necessidade do professor da educação superior que utiliza as tecnologias de aprimorar a sua prática. Isso devido à velocidade com que as alterações acontecem no campo das ciências, reorganizando e renovando constantemente as áreas do conhecimento.

Pensar a formação dos professores nos faz refletir sobre o futuro das instituições de ensino e a reestruturação necessária para acompanhar as mudanças no processo de ensino e aprendizagem, decorrentes do uso das mais novas tecnologias.

Em especial com as redes digitais, a instituição de ensino não pode ser concebida como um sistema isolado, pois sua área de atuação passa por uma significativa ampliação. Agora cada instituição pode se comunicar e trocar informações com outras instituições em todo o mundo, sem limites de espaço e tempo.

> As redes digitais surgem da interconexão mundial dos computadores e especificam o universo de informações e os seres humanos que alimentam e navegam nesse universo.

De acordo com Kenski (2012), é necessário que cada instituição, em seu projeto pedagógico, defina a importância do uso das tecnologias para o processo educacional, que envolve o ensino, a pesquisa, a formação de seus professores e o relacionamento com as demais instituições e comunidade.

É indispensável, também, que a instituição determine as formas de financiamento e de administração dos recursos tecnológicos, bem como faça uma reestruturação organizacional para o uso das tecnologias. Essas mudanças confirmam a necessidade de uma reorientação mais ampla da educação, que envolve não somente o método de ensino, mas as políticas educacionais e de gestão vigentes.

Kenski (2012) fala da impossibilidade do professor dar continuidade à sua formação sem que a instituição de ensino lhe ofereça uma remuneração adequada, tempo e tecnologias para a sua realização. Formar o professor para permanecer atuando em uma instituição que não lhe fornece o suporte necessário para o desenvolvimento de sua prática com o uso das tecnologias é desconsiderar toda uma proposta de mudança e melhoria da educação.

A importância da formação do docente

A formação deve ser uma das prioridades das instituições que têm como objetivo o fomento às práticas educacionais inovadoras.

A formação inicial e continuada dos professores da educação superior para o uso das tecnologias precisa contemplar questões relativas ao desenvolvimento de competências desses educadores, considerando também aspectos relacionados à crenças e valores.

Inicialmente é fundamental que os professores compreendam a relevância social, cultural, ética e política das tecnologias para a formação crítica dos seus alunos. É necessário desmistificar crenças e valores sobre o uso das tecnologias como algo negativo, fazendo com que o docente reflita sobre as possibilidades desses recursos.

O curso de formação precisa despertar nos professores o interesse pelas potencialidades das tecnologias e a aceitação de que ele deve assumir um novo papel no processo de ensino e aprendizagem. Esse papel é o de mediador pedagógico e não mais o de transmissor do conhecimento, fruto do paradigma educacional dominante.

Observe as imagens a seguir. Uma delas representa uma sala de aula tradicional e a outra uma aula com o uso de recursos tecnológicos.

Na primeira imagem, o professor parece assumir uma postura de transmissor do conhecimento, pois enquanto ele ministra a aula os estudantes permanecem atentos aos seus ensinamentos. Como já vimos anteriormente, na sala de aula tradicional não há interação entre professor e alunos.

Por sua vez, na segunda imagem, em que o professor utiliza recursos tecnológicos, parece que ele está mais próximo dos estudantes, orientando e interagindo com eles. Nesse ambiente, o professor assume o papel de mediador pedagógico da aprendizagem.

Masetto (2012) define a mediação pedagógica como a atitude do professor como um facilitador ou motivador da aprendizagem. Ele é uma ponte não estática entre o estudante e a aprendizagem, pois contribui ativamente para que o estudante alcance seus objetivos. Algumas características da mediação pedagógica são:

- dialogar permanentemente;
- trocar experiências;
- debater dúvidas, questões ou problemas;
- apresentar perguntas orientadoras;
- garantir a dinâmica do processo de aprendizagem;
- propor situações-problemas;
- colaborar para desenvolver o senso crítico do aluno em relação às informações obtidas;
- incentivar reflexões; entre outras.

É esse novo papel, mais dinâmico e colaborativo, que o professor da educação superior deve assumir ao trabalhar com as tecnologias em suas aulas. Como afirma o educador Paulo Freire (1996), em sua Pedagogia da Autonomia, ensinar exige risco e a aceitação do novo.

A formação deve propiciar ao professor a descoberta do prazer de ensinar e aprender com seus alunos. Como visto, o uso das tecnologias na educação coloca o professor em posição diferenciada. Ele não é apenas o transmissor do conhecimento, mas sim alguém que aprende ensinando e cria espaços de reflexão e diálogo para os alunos, possibilitando que eles participem ativamente na construção do conhecimento.

Na formação, o professor deve, também, conhecer e aprender como operar os vários tipos de tecnologias em suas aulas. Porém, o grande desafio dos cursos de formação não é ensinar ao professor como utilizar as tecnologias, mas torná-las mais produtivas para o processo de ensino e aprendizagem. Ou seja, não é suficiente apenas conhecer os recursos disponíveis, mas, descobrir o papel que as tecnologias desempenham no processo educativo, associando seu uso com outros meios didáticos e explorando suas potencialidades para alcançar o objetivo de ensino que se deseja oferecer.

Porém, a questão que permanece é saber como promover uma formação que capacite o professor a utilizar de modo tão amplo e completo as tecnologias. Uma possibilidade é trabalhar com teoria e prática, de modo que o professor aprenda o conceito de cada tecnologia e, ao mesmo tempo, possa praticar o uso de suas ferramentas em situações reais de aprendizagem.

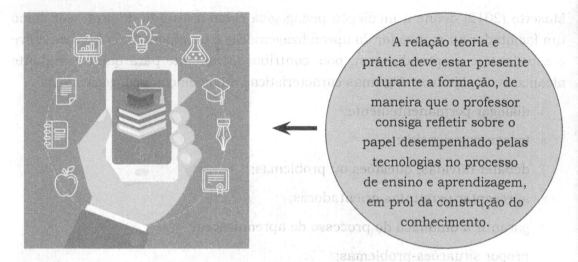

A relação teoria e prática deve estar presente durante a formação, de maneira que o professor consiga refletir sobre o papel desempenhado pelas tecnologias no processo de ensino e aprendizagem, em prol da construção do conhecimento.

Para auxiliar o professor a desenvolver as competências pedagógicas necessárias no uso dos recursos tecnológicos, os cursos de formação precisam empreender ações que possibilitem aos professores conhecerem:

- como planejar aulas atrativas;
- quais os métodos de ensino e como aplicá-los;
- quais os instrumentos de avaliação e como utilizá-los com vistas à aprendizagem do estudante;
- que objetivos de ensino são importantes; e
- os possíveis espaços de aprendizagem.

É importante destacar que esses conhecimentos precisam ser trabalhados com foco na utilização das tecnologias e suas potencialidades, por exemplo, como planejar aulas atrativas com o uso da televisão ou que métodos de ensino são mais eficazes para trabalhar com o computador e como aplicá-los. Para que esses conhecimentos sejam efetivados, a relevância da relação entre teoria e prática não deve ser esquecida.

4. Alternativas para a otimização do trabalho docente com as tecnologias

Como integrar as tecnologias de forma inovadora, explorando as possibilidades de cada recurso? Já é possível perceber que isso se trata de um grande desafio para o professor da educação superior. Possivelmente, com uma formação inicial sólida e através de formações continuadas, o professor consiga otimizar o uso das tecnologias em suas aulas.

Pretendemos apresentar agora algumas alternativas para o uso dos recursos tecnológicos na educação. Não se trata de receitas prontas, mas de indicar um caminho. Cada professor, dentro da sua realidade, pode encontrar soluções próprias e inovadoras para sua prática educativa.

A TV e o Vídeo

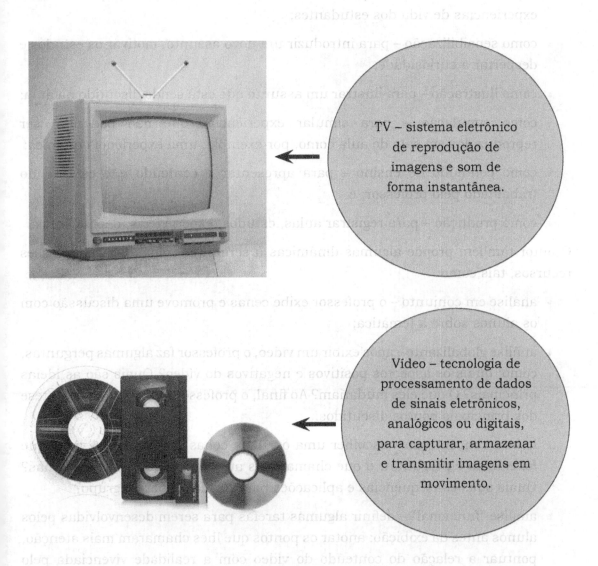

TV – sistema eletrônico de reprodução de imagens e som de forma instantânea.

Vídeo – tecnologia de processamento de dados de sinais eletrônicos, analógicos ou digitais, para capturar, armazenar e transmitir imagens em movimento.

Como meios de comunicação de massa, a TV e o vídeo oferecem aos seus telespectadores um conteúdo pronto e acabado. A mensagem transmitida é fechada e linear, e o emissor é um narrador que tenta atrair o receptor, que assume o papel de assimilador passivo.

Mesmo não possibilitando uma comunicação interativa, a televisão e o vídeo são recursos que promovem experiências sensoriais, visuais e auditivas. Além disso, ambos exploram a imaginação, a emoção, a intuição e a razão dos receptores e alcançam a maior parte da população jovem e adulta. Esses são alguns dos motivos para que o professor utilize a TV e o vídeo como recursos para suas aulas.

Moran (2012) propõe a utilização da televisão e do vídeo na educação da seguinte forma:

- iniciar pelo trabalho com programas e vídeos mais simples e fáceis, para depois aumentar a complexidade – vídeos mais atrativos e próximos às experiências de vida dos estudantes;

- como sensibilização – para introduzir um novo assunto, motivar os estudos e despertar a curiosidade;

- como ilustração – para ilustrar um assunto que está sendo discutido na aula;

- como simulação – para simular experiências que não poderiam ser reproduzidas em sala de aula como, por exemplo, uma experiência química;

- como conteúdo de ensino – para apresentar o conteúdo que está sendo trabalhado pelo professor; e

- como produção – para registrar aulas, estudos, experiências, depoimentos.

O autor também propõe algumas dinâmicas a serem realizadas utilizando esses recursos, tais como:

- análise em conjunto – o professor exibe cenas e promove uma discussão com os alunos sobre a temática;

- análise globalizante – após exibir um vídeo, o professor faz algumas perguntas, como: quais os aspectos positivos e negativos do vídeo? Quais são as ideias principais? O que eles mudariam? Ao final, o professor apresenta uma síntese dos principais pontos discutidos.

- leitura concentrada – escolher uma ou duas cenas marcantes do vídeo que foi exibido e perguntar: o que chama mais atenção? O que dizem as cenas? Quais suas consequências e aplicações para a vida ou para o grupo?

- análise "funcional" – definir algumas tarefas para serem desenvolvidas pelos alunos antes da exibição: anotar os pontos que lhes chamaram mais atenção; pontuar a relação do conteúdo do vídeo com a realidade vivenciada pelo aluno; dentre outras. Após a exibição, os alunos relatam o que responderam e o professor registra no quadro ou no papel, a fim de promover um debate sobre as informações apontadas pelos alunos.

- análise da linguagem – os alunos devem identificar que ideias o programa passa e qual a sua ideologia.

Todas as atividades propostas relacionadas acima, com o uso da TV e do vídeo, envolvem discussões em grupo. O professor consegue promover em suas aulas momentos de análise e reflexão dos conteúdos apresentados por ele, sempre no papel de mediador.

Projetor

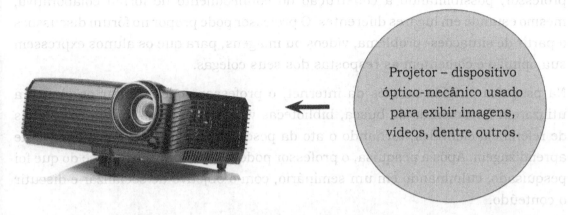

Projetor – dispositivo óptico-mecânico usado para exibir imagens, vídeos, dentre outros.

O projetor é um recurso bastante utilizado pelo professor da educação superior. Conectado a um computador, o equipamento pode exibir slides, vídeos, imagens, dentre outros. Com esse recurso o professor poderá também apresentar conteúdos da internet dando à sua aula um caráter mais interativo.

A internet

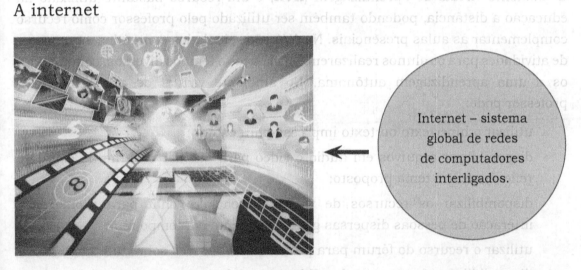

Internet – sistema global de redes de computadores interligados.

Os recursos da internet para a educação são inúmeros: **correio eletrônico**, **chats**, fórum, ferramentas de pesquisa, **redes sociais**, entre outros. Essas ferramentas podem ser utilizadas pelo professor tanto na sala de aula presencial como na educação a distância, promovendo a construção colaborativa do conhecimento.

Através do correio eletrônico, o professor poderá enviar textos e trabalhos para os alunos, dar avisos, orientações importantes e tirar dúvidas. Ele pode fazer uma lista com o endereço eletrônico dos alunos e cadastrar em seus contatos, para então enviar informações para toda a turma ao mesmo tempo.

O chat também possibilita a troca de informações entre professor e alunos, porém, diferentemente do correio eletrônico, a mensagem é enviada e recebida em tempo real, promovendo maior interação entre os participantes.

O uso do fórum permite a troca de saberes e ideias entre os alunos e o próprio professor, possibilitando a construção do conhecimento de forma colaborativa, mesmo estando em lugares diferentes. O professor pode propor no fórum discussões a partir de situações- problema, vídeos ou imagens, para que os alunos expressem sua opinião e comentem as respostas dos seus colegas.

Na pesquisa dirigida através da internet, o professor pode orientar os alunos a utilizarem ferramentas de busca, bibliotecas virtuais, museus interativos e sites de referência científica, tornando o ato da pesquisa um momento significativo de aprendizagem. Após a pesquisa, o professor poderá solicitar uma síntese do que foi pesquisado, culminando em um seminário, com o objetivo de socializar e discutir o conteúdo.

As redes sociais, como espaço de compartilhamento, são um ótimo recurso para discussão e debate. O professor pode criar um grupo e postar conteúdos, estimular discussões a partir de situações-problemas, propor a criação de textos coletivos, dentre outras atividades.

O ambiente virtual de aprendizagem (**AVA**) é um recurso bastante utilizado na educação a distância, podendo também ser utilizado pelo professor como recurso complementar às aulas presenciais. No AVA são veiculados conteúdos e propostas de atividades para os alunos realizarem em espaços e tempos diversos, conduzindo-os a uma aprendizagem autônoma. No ambiente virtual de aprendizagem o professor pode:

- utilizar o hipertexto ou texto impresso para estudo;
- disponibilizar arquivos em áudio e vídeo para auxiliar o aluno no estudo e reflexão de um tema proposto;
- disponibilizar os recursos de videoconferência e chat para promover a interação de pessoas dispersas geograficamente em tempo real;
- utilizar o recurso do fórum para promover discussões sobre um tema;
- disponibilizar a ferramenta de **wiki** para a elaboração de textos colaborativos;
- propor ao aluno que ele responda à enquetes sobre temas polêmicos;
- solicitar que os alunos realizem tarefas individuais que deverão ser postadas no ambiente, para correção e feedback do professor.

De acordo com Moran (2012), com os recursos da internet, o professor consegue desenvolver atividades com os alunos dentro e fora da sala de aula, ampliando a rede de relações e a troca de experiências.

Dispositivos móveis

O uso dos dispositivos móveis (smartphones, tablets, netbook, entre outros) tem crescido significativamente, podendo ser utilizados também para fins de aprendizagem formal, aproveitando os recursos da internet, a partir do desenvolvimento de projetos de aprendizagem por **mobile learning** (m-learning) ou aprendizagem móvel.

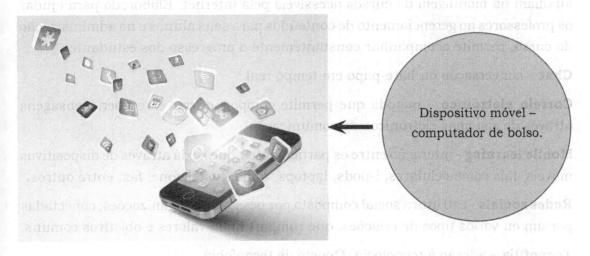

Dispositivo móvel – computador de bolso.

Através do dispositivo móvel, o conteúdo didático pode ser acessado em qualquer espaço e a qualquer tempo, possibilitando uma aprendizagem mais dinâmica, que respeite o ritmo de cada aluno.

Os dispositivos móveis, pelas suas possibilidades de acesso e conectividade, podem ser utilizados como um prolongamento da sala de aula formal, ou ainda na aprendizagem informal, auxiliando o professor no desenvolvimento de metodologias inovadoras de ensino.

O professor pode propor, através de um aplicativo ou de outro recurso do dispositivo móvel, a execução de tarefas, o registro e compartilhamento de ideias entre os alunos, a pesquisa de informações, o registro de fatos através da câmera ou até mesmo uma atividade que necessite da gravação de áudio, como por exemplo, uma entrevista.

Nesta unidade, você descobriu que o uso das tecnologias modificou a forma de ensinar e aprender e que os professores da educação superior precisam tornar suas aulas mais atrativas para atender às expectativas de aprendizagem de uma geração que nasceu na era digital. Para tal, é necessário que esses professores superem o paradigma educacional dominante, cuja prática educativa tem sua base na tendência pedagógica tradicional.

Você conheceu algumas das principais competências que o professor da educação superior precisa desenvolver para trabalhar de forma eficiente com as tecnologias e como devem estruturar-se as propostas de formação inicial e continuada. E por último, você conheceu as alternativas de otimização do trabalho docente com as tecnologias.

Glossário – Unidade 2

AVA – sigla de Ambiente Virtual de Aprendizagem, que são softwares que auxiliam na montagem de cursos acessíveis pela internet. Elaborado para ajudar os professores no gerenciamento de conteúdos para seus alunos e na administração do curso, permite acompanhar constantemente o progresso dos estudantes.

Chat – conversação ou bate-papo em tempo real.

Correio eletrônico – método que permite compor, enviar e receber mensagens através de sistemas eletrônicos de comunicação.

Mobile learning - interação entre os participantes que se dá através de dispositivos móveis, tais como celulares, i-pods, laptops, rádio, tv, telefone, fax, entre outros.

Redes sociais – estrutura social composta por pessoas ou organizações, conectadas por um ou vários tipos de relações, que compartilham valores e objetivos comuns.

Tecnofilia – adesão à tecnologia. Oposto de tecnofobia.

Tecnofobia – medo da tecnologia moderna.

Tecnologias da informação e da comunicação (TICs) - todos os meios técnicos usados para tratar a informação e auxiliar na comunicação, o que inclui o hardware de computadores, rede, celulares, bem como todo software necessário.

Wiki - software colaborativo que permite a edição coletiva dos documentos.

UNIDADE 3
EDUCAÇÃO A DISTÂNCIA: CONSIDERAÇÕES PARA ELABORAÇÃO DE CURSOS VIA INTERNET

Capítulo 1 Educação a distância: do passado ao presente, 50

Capítulo 2 Fundamentos legais da educação superior a distância, 54

Capítulo 3 Abordagens e modelos atuais em educação a distância, 57

Capítulo 4 Ambientes virtuais de aprendizagem: interação, interatividade e mediação pedagógica, 63

Glossário, 66

1. Educação a distância: do passado ao presente

Observe a figura 1 a seguir. Certamente, quando se pensa em EaD, imediatamente imagina-se recursos tecnológicos virtuais, professor e aluno interagindo via computador, ou com outros equipamentos com acesso à internet.

Figura 1

Todavia, convém refletirmos onde e quando tudo isso começou.

Para começar, é importante destacar que a EaD que hoje você conhece é fruto de uma evolução que remete há bastante tempo, e é sobre isso que iremos conversar um pouco a partir de agora.

Ao longo de sua história, a **Educação a Distância** assumiu diferentes abordagens, desde a sua origem até o seu reconhecimento enquanto modalidade educacional.

Embora o termo EaD seja utilizado na atualidade como algo "novo", é importante considerar que ela surgiu há algum tempo.

Tal como ocorre em outras áreas, na Educação a Distância mudanças gradativas aconteceram, desde o aprimoramento dos recursos de comunicação utilizados na sociedade, até chegarmos ao estágio atual, com a existência de inúmeras ferramentas de comunicação entre as pessoas.

Nas diversas partes do mundo em que esteve presente, a EaD, ao longo de sua evolução, sofreu

Unidade 3 – Educação a distância: considerações para elaboração de cursos...

mudanças desde as concepções até as suas finalidades. Hoje, essa modalidade educacional é reconhecida por lei e vem se expandindo de modo significativo, a partir do avanço das Tecnologias de Informação e Comunicação.

O surgimento da EaD está estritamente relacionado com a evolução dos sistemas de comunicação humana, surgindo como possibilidade de aprendizagem por intermédio de meios de comunicação, estando assim, diretamente ligado ao surgimento dos diferentes meios de comunicação.

Apresentamos a seguir um quadro com o resumo dos principais marcos da EaD no mundo.

HISTÓRICO DA EAD					
1728	1833	1856	1874	1938	1946 a 1977
Gazeta de Boston – anúncio para ensino e tutoria por correspondência	Curso de Contabilidade na Suécia	Berlim - curso de Francês por correspondência	Primeira Universidade aberta do mundo	Canadá - Primeira Conferência Internacional sobre a Educação por Correspondência	África do Sul, Canadá, Japão, Bélgica, Índia, França, Espanha, Inglaterra, Venezuela e Costa Rica adotam Cursos a Distância
Anos 60 e 70			1990 até os dias atuais		
Institucionalização de várias ações, iniciando-se na Europa e expandindo-se aos demais continentes. Surgimento das primeiras Universidades abertas com utilização de transmissões por TV, TV aberta, rádio e fitas de áudio e vídeo			Surgimento da Internet Mais de 80 países no mundo adotam a EaD		

Não há consenso sobre o marco que delimita o surgimento da EAD. Diversos autores, como Alves (1994) e Landim (1997), relacionam o surgimento da EaD com a evolução do sistema de escrita e o surgimento da imprensa, uma vez que a escrita configura-se como a primeira alternativa humana de comunicação sem a necessidade dos sujeitos estarem face a face. No entanto, reiteramos que não há consenso neste traçado histórico.

O quadro resumo histórico da EAD, apresentado anteriormente, aponta o que autores como Landim (1997) definem quanto às origens da EaD no século XVII. Segundo este autor, o primeiro registro dessa modalidade refere-se às aulas por correspondência ministradas por Caleb Philipso que, através de um anúncio publicado na Gazeta de Boston, no dia 20 de março de 1728, oferecia material para ensino e tutoria por correspondência. Por outro lado, Alves (1994) considera como a primeira experiência de EaD um curso de contabilidade na Suécia em 1833.

Moore e Kearsley (1996) destacam que o estudo em casa se tornou interativo com o desenvolvimento de serviços de correio baratos e confiáveis que permitiam aos alunos se corresponderem com seus instrutores. A partir desta estrutura - barateamento de material impresso e dos correios - cada vez mais cursos foram surgindo no mundo inteiro, sendo que Moore e Kearsley (1996, p. 20), destacam um novo momento importante, quando "a respeitabilidade da academia na formatação de cursos por correspondência foi formalmente reconhecida quando o estado de Nova Iorque autorizou o Chatauqua Institute em 1883 a conferir diplomas através deste método".

Alves (1994) aponta a Illinois Wesleyan University como a primeira Universidade Aberta no mundo, tendo iniciado em 1874 cursos por correspondência. Enquanto Landim (1997, p. 2) considera que a

> " (...) primeira instituição a fornecer cursos por correspondência foi a Sociedade de Línguas Modernas, em Berlim, que em 1856 iniciou cursos de francês por correspondência".

Nos anos seguintes, outras experiências tiveram sua importância, e entre estas, Nunes (2009, p.3), destaca que do período dos primeiros anos do século XX até a Segunda Guerra Mundial,

> "(...) várias experiências foram adotadas, sendo possível melhor desenvolvimento de metodologias aplicadas ao ensino por correspondência".

Posteriormente, houve grande influência dos novos meios de comunicação de massa nessas metodologias.

Rodrigues (1998) destaca que, em 1938, na cidade de Vitória, no Canadá, realizou-se a Primeira Conferência Internacional sobre Educação por Correspondência (Landim,1997), e mais e mais países foram adotando a EaD: África do Sul e Canadá, em 1946; Japão, em 1951; Bélgica, em 1959; Índia, em 1962; França, em 1963, Espanha, em 1968; Inglaterra, em 1969; Venezuela e Costa Rica, em 1977. Alves (1994) afirma que existe, nos dias de hoje, EaD em praticamente quase todo o mundo, tanto em nações industrializadas, como também em países em desenvolvimento.

Unidade 3 – Educação a distância: considerações para elaboração de cursos...

No decorrer dos anos 1960 e 1970 houve grande impulso da EaD, a partir da "institucionalização de várias ações nos campos da educação secundária e superior, começando pela Europa (França e Inglaterra) e se expandindo aos demais continentes" (Nunes, 2009). Surgiram, na metade dos anos 70, as primeiras Universidades Abertas com formato e implementação sistematizadas de cursos a distância, utilizando, além do material impresso, transmissões por televisão aberta, rádio e fitas de áudio e vídeo.

No contexto brasileiro, o surgimento dessa modalidade está ligado às demandas sociais geradas pelo acúmulo de lacunas no processo educativo da população, sobretudo para a população das regiões interioranas. A EaD tem como marco de sua implantação no Brasil as Escolas Internacionais. Estas foram fundadas em 1904, por organizações norte-americanas, tendo como público alvo pessoas que buscavam alguma qualificação para o mercado de trabalho, nos setores de comércio e serviços (ALVES, 2009).

Posteriormente, outros formatos foram sendo assumidos pela EaD no Brasil, passando do ensino por correspondência, pela fundação da Rádio Sociedade do Rio de Janeiro (que deu origem a outros tantos programas ligados à EaD), o Instituto Universal Brasileiro e a criação do Prontel – Programa Nacional de Teleducação (que posteriormente deu origem ao Centro Brasileiro de TV Educativa).

PARA SABER MAIS! Através do site http://www.institutouniversal.com.br/institucional/ é possível conhecer um pouco mais sobre a história do Instituto Universal Brasileiro, bem como saber quais os cursos oferecidos e os modelos de EAD implementados.

A partir dos anos de 1990, com o surgimento da internet, a educação a distância vem se aprimorando cada vez mais, através de tecnologias que viabilizam mecanismos de comunicação tão eficazes e capazes de suprir a distância geográfica entre aluno e professor.

Atualmente, mais de 80 países nos cinco continentes adotam a educação a distância em todos os níveis, em sistemas formais e não formais de ensino, atendendo a milhões de estudantes (NUNES, 2009).

No Brasil, a implantação do sistema Universidade Aberta do Brasil promoveu uma expansão da quantidade de vagas em cursos de graduação e pós graduação, buscando atualmente consolidar-se em termos de qualidade, na tentativa de romper com a cultura da EaD enquanto modalidade desprestigiada em relação à educação presencial. Todavia, ainda são fortes as críticas à sua implantação.

A UAB surgiu através de iniciativas governamentais e como uma das alternativas para reverter a atual situação de baixa qualidade da Educação Básica no Brasil.

O seu foco principal é a formação e capacitação de professores da rede pública, numa tentativa de assegurar a formação inicial e continuada de professores.

O programa tem abrangência nacional em parceria com diversas instituições públicas de ensino superior através da criação de polos de apoio ao estudante que atendam diferentes regiões geográficas, sobretudo aquelas em que a oferta de cursos de Licenciatura é precária ou inexistente.

PARA SABER MAIS! Para conhecer mais a respeito da Universidade do Brasil, acesse: http://uab.capes.gov.br/. Lá você encontrará todas as informações sobre a criação, implementação e o funcionamento da UAB.

Outro acontecimento que merece destaque na história da EAD no Brasil foi a criação da Associação Brasileira de Educação a Distância – **ABED**, em 1995. Trata-se de uma sociedade científica, sem fins lucrativos, criada por um grupo de educadores interessados em novas tecnologias de aprendizagem e em educação a distância.

A ABED tem por objetivos: estimular a prática e o desenvolvimento de projetos em educação a distância em todas as suas formas; incentivar a prática da mais alta qualidade de serviços para alunos, professores, instituições e empresas que utilizam a educação a distância; apoiar a "indústria do conhecimento" do país, procurando reduzir as desigualdades causadas pelo isolamento e pela distância dos grandes centros urbanos; promover o aproveitamento de "mídias" diferentes na realização da educação a distância; fomentar o espírito de abertura, criatividade, inovação, credibilidade e experimentação na prática da educação a distância.

PARA SABER MAIS! Acesse http://www.abed.org.br/site/pt/. Lá é possível encontrar muitas informações importantes sobre a EaD, além de vários exemplares da Revista Brasileira de Educação.

Situados os aspectos históricos, iremos conhecer os aspectos que legalizam a modalidade no Brasil.

2. Fundamentos legais da educação superior a distância

A legislação que trata da EaD no Brasil apresentou diferentes perspectivas no decorrer de sua trajetória até o seu reconhecimento enquanto modalidade educacional.

Segundo Alves (2006), as primeiras normas sobre a EaD surgiram na década de 60, sendo as mais importantes o Código Brasileiro de Comunicações (Decreto-Lei

Unidade 3 – Educação a distância: considerações para elaboração de cursos...

nº 236/67) e a Lei de Diretrizes e Bases da Educação Nacional (Lei 5.692/71), que possibilitava o ensino supletivo por meio de rádio, televisão, correspondência e outros meios de comunicação, em um período de intensa desvalorização da educação e de seus profissionais, ao mesmo tempo em que houve o início da universalização da educação básica.

A partir da LDBEN n.º 9.394/96, a educação a distância passou a ser reconhecida enquanto modalidade de educação, sendo admitida em todos os níveis de ensino. O artigo 80 da referida lei destaca que

O Poder Público incentivará o desenvolvimento e a veiculação de programas de **ensino a distância**, em todos os níveis e modalidades de ensino, e de educação continuada.

§ 1º. A educação a distância, organizada com abertura e regime especiais, será oferecida por instituições especificamente credenciadas pela União.

§ 2º. A União regulamentará os requisitos para a realização de exames e registro de diploma relativos a cursos de educação a distância.

§ 3º. As normas para produção, controle e avaliação de programas de educação a distância e a autorização para sua implementação, caberão aos respectivos sistemas de ensino, podendo haver cooperação e integração entre os diferentes sistemas.

§ 4º. A educação a distância gozará de tratamento diferenciado, que incluirá:

I - custos de transmissão reduzidos em canais comerciais de radiodifusão sonora e de sons e imagens;

II - concessão de canais com finalidades exclusivamente educativas;

III - reserva de tempo mínimo, sem ônus para o Poder Público, pelos concessionários de canais comerciais. (BRASIL, Art. 80, 1996).

Embora o art. 80 reconheça a EaD enquanto modalidade válida para todos os níveis educacionais, a Lei não apresentou um conceito de EaD, destacando apenas a quem caberia o papel de controle dessa modalidade, assim como quem poderia oferecê-la.

O Decreto n.º 2.494, de 10 de fevereiro de 1998, trouxe modificações ao art. 80 da LDBEN 9.394/96, definindo a educação a distância como "uma forma de ensino que possibilita a autoaprendizagem, com a mediação de recursos didáticos sistematicamente organizados, apresentados em diferentes suportes de informação, utilizados isoladamente ou combinados, e veiculados pelos diversos meios de comunicação.

Entretanto, o referido decreto foi revogado posteriormente pelo Decreto nº 5.622, publicado no D.O.U. de 20/12/05, com normatização definida na Portaria Ministerial nº 4.361, de 2004. O Decreto 5.622/05 estabeleceu o conceito para EaD em seu artigo 1.º:

> "Para os fins deste Decreto, caracteriza-se a educação a distância como modalidade educacional na qual a mediação didático-pedagógica nos processos de ensino e aprendizagem ocorre com a utilização de meios e tecnologias de informação e comunicação, com estudantes e professores desenvolvendo atividades educativas em lugares ou tempos diversos" (BRASIL, 2005).

O referido decreto em toda a sua extensão apresenta certa evolução quando relacionado ao decreto anterior, pois inclui expressamente os diversos níveis e modalidades de educação, dentre os quais, programas de mestrado e doutorado, além de não vincular à EAD a autoaprendizagem, diferencia-a da modalidade presencial pelo uso dos instrumentos metodológicos que são utilizados, pois ressalta as variações de tempo e espaço em que essa modalidade pode acontecer.

Por outro lado, permanecem aspectos tais como: a obrigatoriedade de momentos presenciais não só para a avaliação dos estudantes, mas também para outras atividades. Em relação à exigência de presencialidade para a avaliação, afirma-se que os resultados dos exames presenciais deverão prevalecer sobre os demais resultados, em direção contrária de uma avaliação processual.

Outro dispositivo legal são os Referenciais de Qualidade para EaD, documento elaborado pelo MEC, que considera a necessidade de elementos além da legislação específica, considerando que esta por si só não é suficiente para nortear a implantação e implementação de cursos na modalidade a distância, uma vez que os atos legais indicam apenas alguns caminhos, mas não contemplam toda a dinâmica que envolve a prática pedagógica da EAD.

Os aspectos referendados pelo citado documento serão detalhados mais adiante, quando trataremos das abordagens e modelos em EaD e as respectivas considerações para elaboração de cursos em ambientes virtuais.

*P*ARA SABER MAIS! Para obter mais informações sobre a legislação da EaD, acesse http://portal.mec.gov.br. Lá você encontrará na íntegra toda a legislação que regulamenta a modalidade, basta fazer a busca no portal.

3. Abordagens e modelos atuais em educação a distância

Inicialmente, convém fazer uma delimitação entre os termos Ensino a Distância e Educação a Distância. O enfoque da EaD baseava-se numa perspectiva apenas de ensino, em que os termos educação a distância e ensino a distância eram utilizados como sinônimos, com uma abordagem predominante centrada nos modelos instrucionais.

Nunes (1992) define ensino a distância como

"(...) o tipo de método de instrução em que as condutas docentes acontecem à parte das discentes, de tal maneira que a comunicação entre o professor e o aluno se possa realizar mediante textos impressos, por meios eletrônicos, mecânicos ou por outras técnicas" (Nunes, 1992, p. 47).

Outra definição trazida por Peters (1973) confirma a utilização dos termos Educação a Distância e Ensino a Distância como sinônimos. Para este autor, educação/ensino a distância refere-se a um método racional de partilhar conhecimento, habilidades e atitudes, através da aplicação da divisão do trabalho e de princípios organizacionais, pelo uso extensivo de meios de comunicação, especialmente para o propósito de reproduzir materiais técnicos de alta qualidade, os quais tornam possível instruir um grande número de estudantes ao mesmo tempo, enquanto esses materiais durarem.

Numa visão mais compatível com o enfoque contemporâneo, Börje Holmberg (1981) traz como característica geral mais importante da educação a distância a comunicação não direta entre professor e aluno. Entretanto, atualmente, com o advento das novas tecnologias, a partir de suas ferramentas como a Internet e a videoconferência, a Educação a distância pode basear-se na comunicação direta (síncrona).

Algumas características da educação a distância, segundo Keegan (1991) são: a separação do professor e do aluno, o que a distingue das aulas face a face; a influência de uma organização educacional que a diferencie do ensino presencial; o uso de meios técnicos geralmente impressos, para unir o professor e aluno, e oferecer o conteúdo educativo do curso; o provimento de uma comunicação bidirecional, de modo que o aluno possa beneficiar-se, estabelecendo um diálogo; o ensino aos alunos como indivíduos e raramente em grupos, com a possibilidade de encontros ocasionais, com propósitos didáticos e de socialização.

Na atualidade, o processo de ensino e aprendizagem a distância é mediado por tecnologias educacionais, tais como: videoconferências, internet, **web conferências**, fóruns eletrônicos, listas de discussão, ou até mesmo através das tecnologias convencionais (retroprojetor, transparências, vídeo, televisão, entre outras). Nesse sentido, a EaD remete, necessariamente, a uma modalidade educativa na qual o aprendizado ocorre em diferentes espaços e tempos. E é sobre estas abordagens e modelos atuais em EaD que iremos discutir adiante.

A ampliação das redes de comunicação oferece inúmeras possibilidades de interação **síncrona** e **assíncrona** na construção do conhecimento, o que repercute de maneira significativa na EaD. Entretanto, a modalidade educacional em ambientes online, embora possua características particulares e se constitua de novas possibilidades, espaços e tempos, não perde de vista a finalidade dos espaços educacionais, o desenvolvimento dos sujeitos e suas aprendizagens. Portanto, longe de criar uma nova educação, as tecnologias se constituem em possibilidades diferenciadas de fazer educação, nas quais é necessária a criação de uma cultura pedagógica "que tenha compromisso com as autonomias do professor, do aluno e da própria estrutura e organização da educação "(KENSKI, 2006, p. 80).

Diante de tantos termos para se referir aos processos de ensino e de aprendizagem à distância, e de diferentes terminologias para se referir a uma mesma modalidade, convém esclarecer algumas definições, conceitos e termos relacionados à Educação a Distância, bem como apresentar o conceito de EAD Online, utilizado por alguns autores para referir-se a Educação a distância em ambiente virtuais..

Os dois termos são comumente usados de modo indiscriminado: educação a distância e ensino a distância, mas, que na prática, apresentam diferenças relevantes. O conceito de ensino a distância está mais associado às atividades de instrução, transmissão de conhecimentos e informações. Por sua vez, o conceito de educação a distância refere-se à prática educativa e aos processos de ensino e de aprendizagem que levam o aprendiz a aprender a aprender, a saber pensar, a criar, a inovar, a construir conhecimentos e a participar ativamente de seu próprio processo de crescimento (LANDIM, 1997).

Desse modo, entende-se que o ensino a distância aponta para uma relação unilateral e instrucional, já a educação a distância refere-se a uma proposta mais abrangente que engloba os processos de ensino e de aprendizagem, através de diferentes formas de interação.

Sendo assim, a EaD é, por definição, um processo educativo em que a aprendizagem é realizada com a separação física – geográfica e/ou temporal – entre os participantes: aluno e professor, aluno e aluno. Esse distanciamento implica em um processo de comunicação que possibilita a aprendizagem através de um conjunto de recursos tecnológicos que ultrapassa a simples comunicação oral. Em se tratando de EaD

Unidade 3 – Educação a distância: considerações para elaboração de cursos...

online, os processos e ensino e aprendizagem ocorrem mediante o uso da internet, suas diferentes formas comunicacionais e ferramentas síncronas e assíncronas.

Em linhas gerais, podemos definir as ferramentas síncronas como sendo aquelas em a interação ocorre em tempo real (online), de modo instantâneo, tais como: o chat, google drive, Skype, entre outros. As ferramentas assíncronas, por sua vez, caracterizam-se pela interação atemporal, no sentido de que cada participante utiliza-a de acordo com sua disponibilidade, como é o caso das listas e dos fóruns de discussão.

A expansão da educação mediada por recursos tecnológicos, especificamente aquelas que utilizam a internet, tem ocorrido de modo avassalador nos últimos anos, popularizando-se e tornando-se abrangente em diferentes segmentos da sociedade.

Nesse sentido, convém aqui definir os termos *e-learning*, *b-learning* e *m-learning*, que estão associados aos modelos de EaD na atualidade. Cada um deles possui características e especificidades, assim como semelhanças e diferenças, no que se refere aos seus aspectos conceituais.

Para que se possa discutir a contribuição de tais modelos para a educação a distância no Brasil, seus limites e possibilidades de implementação, faz-se necessário definir cada um dos termos, para uma compreensão elucidativa sobre os aspectos que envolvem as diferentes vertentes da EaD na atualidade.

De um modo geral, identificamos o *b-learning* como sendo a combinação de múltiplas abordagens à aprendizagem, explorando de modo conjugado os ambientes virtuais e presenciais, sendo de natureza mista, uma vez que inclui situações de ensino nas duas modalidades: virtual e presencial, que se complementam no fazer educativo.

A este respeito, Mateus Filipe e Orvalho (2008) destacam que a estratégia *b-learning* é muito mais do que uma multiplicação de canais, é uma combinação de métodos de ensino/aprendizagem, na qual a aprendizagem é um processo contínuo, deixando de estar restrito a um só contexto, espaço ou a um dado momento. Através do *b-learning*, os alunos dispõem (online e face a face) de novas oportunidades de aprendizagem, podendo escolher ou combinar as ofertas das unidades curriculares consoantes às suas reais necessidades (p.217).

Desse modo, o *b-learning* se constitui em uma modalidade que possibilita aos sujeitos interagirem de modo contínuo, a partir da integração de diferentes tecnologias e metodologias de ensino e aprendizagem.

No modelo de *m-learning*, verifica-se uma fusão de diversas tecnologias de processamento e comunicação de dados que permite ao grupo de estudantes e aos professores uma maior interação, fazendo uso basicamente das tecnologias de redes sem fio (dispositivos móveis e portáteis), conforme ilustrado na figura 4.

Uma de suas características é a facilidade de acesso à informação em programas de ensino, uma vez que permite aos sujeitos acessar em qualquer lugar e em qualquer hora um amplo leque de informações necessárias para o acompanhamento de cursos, flexibilizando assim, os tempos e espaços de aprendizagem.

Para Schlemmer, m-learning se refere a processos de ensino e de aprendizagem em que ocorrem, necessariamente, a mobilidade de atores humanos que podem estar fisicamente/geograficamente distantes de outros atores e também de espaços físicos formais de educação, tais como salas de aula, salas de treinamento/ formação /qualificação ou local de trabalho (SCHLEMMER et al, 2007, p.2).

Nesta perspectiva, o m-learning se constitui em mais uma possibilidade de fazer educação a distância, através da mobilidade, proporcionando aos usuários desta modalidade novas formas de colaboração e percepção no ambiente educacional.

Quanto ao significado de e-learning, antes de trazermos a definição formal, observe as figuras 4 e 5. Que tal você pensar um pouco? O que diferencia este modelo dos anteriores?

Figura 5   Figura 5

No que se refere à definição do termo *e-learning*, tendo em vista a variedade de discussões em torno da temática do uso das tecnologias de informação e comunicação no processo de ensino e de aprendizagem, adotamos a concepção de Barilli (2006): o e-learning (e-aprendizagem)

> "(...) pode ser considerado como uma nova forma de aprender, que traz como habilidades básicas: compreender minimamente o funcionamento da Internet e o seu potencial; aprender o manuseio das ferramentas virtuais e lidar com a palavra oral e escrita, entre outras.".

Entretanto, uma definição pertinente diz respeito à relação entre os elementos tecnológicos e pedagógicos que, nesta modalidade, estão necessariamente articulados, de modo a possibilitar a construção de processos de ensino e de aprendizagem através da interação entre os sujeitos envolvidos, tendo como pressuposto o enfoque colaborativo nessas aprendizagens.

O *e-learning* engloba uma diversidade de práticas pedagógicas que potencializam novas formas de aprendizagem em educação a distância (EAD), mediadas por computador, tendo como pressuposto básico a interação em tempos e espaços diversos, oferecida, sobretudo, pelo acesso à internet.

Gomes (2009, pág. 13) destaca que o *e-learning*, do ponto de vista tecnológico, está associado e tem como suporte a internet e os serviços de publicação de informação e de comunicação que esta disponibiliza, e do ponto de vista pedagógico implica a existência de um modelo de interação entre professor-aluno (formador-formando), a que, em certas abordagens, acresce um modelo de interação aluno-aluno (formando-formando), numa perspectiva colaborativa.

Diante de tais características, entendemos que a EaD, em seu modelo e-learning, reconhecida legalmente e amplamente divulgada e recomendada como alternativa para a formação das pessoas, nos diferentes níveis educacionais, apresenta uma série de vantagens e possibilidades enquanto modalidade educativa. Entre estas destacamos que a EaD:

- atinge um grande público em diferentes regiões e contextos político-econômico-culturais;

- favorece a formação de comunidades virtuais por áreas de interesse, enquanto fator importante para dinamizar o aprendizado e colaborar na construção de conhecimentos conceituais, atitudinais e procedimentais.

- possui flexibilidade de horários ao permitir que cada participante planeje, estruture e organize os seus horários para estudar, pesquisar e realizar atividades. A Ead favorece o desenvolvimento da autonomia e exige, ao mesmo tempo, a disciplina dos sujeitos no processo de ensino e aprendizagem.

- possibilita a utilização dos recursos tecnológicos de informação e comunicação, favorecendo os processos de autoria e a construção do conhecimento de forma global e articulada, a partir do uso de ferramentas síncronas e assíncronas, além de outras potencialidades oferecidas pela web 2.0.

A expansão, abrangência e as possibilidades da modalidade educativa a distância passam, assim, a exigir renovações e reestruturações em suas formas de organização, bem como um modelo teórico-prático, que leve em consideração as suas especificidades. Desse modo, essas questões têm gerado polêmicas e debates intensos no âmbito educacional, tendo em vista a variedade de posicionamentos teóricos dos estudiosos da área, bem como dos profissionais que atuam nessa modalidade.

Os debates a respeito da EaD que acontecem no país, sobretudo na última década, tem oportunizado reflexões importantes a respeito da necessidade de ressignificações de alguns paradigmas que norteiam nossas compreensões relativas à educação, escola, currículo, estudante, professor, avaliação, gestão escolar, dentre outros (BRASIL, 2007, p.7).

Nessa perspectiva, Silva (2003) enfatiza que há a modificação do paradigma da aprendizagem e define que, caso isso não ocorra, o professor continuará reafirmando uma prática tradicional, na qual as possibilidades de interação oferecidas pela Internet serão subutilizadas.

Consideramos importante, nesse sentido, descrever os principais elementos apontados como norteadores para elaboração de cursos a distância em ambientes virtuais e tomamos como base os referenciais de qualidade para EaD elaborados pelo MEC, documentos que reúnem princípios, diretrizes e critérios para os cursos na modalidade a distância. Embora estes não tenham força de Lei, servem como subsídio para a organização e implementação de cursos a distância.

Dentre os itens abordados no referido documento estão: a concepção de educação e currículo no processo de ensino e aprendizagem, material didático e avaliação.

O documento apresenta parâmetros que servem de modelo para um padrão mínimo de qualidade para essa modalidade educacional, elencando-os em oito pontos principais: 1) concepção de educação e currículo no processo de ensino e aprendizagem; 2) sistemas de Comunicação; 3) material didático; 4) avaliação; 5) equipe multidisciplinar; 6) infraestrutura de apoio; 7) gestão acadêmico-administrativa; e 8) **sustentabilidade financeira**.

Os referenciais abordam, ainda, a heterogeneidade de modelos de EAD, tendo em vista a diversidade de cursos, contextos e necessidades do estudante, porém, defendem que o primeiro fundamento da modalidade deve ser a compreensão da educação e sua função na formação dos sujeitos, uma vez que a modalidade a distância só ganha relevância no contexto político pedagógico da ação educativa.

A este respeito, Moran (2003) enfatiza que o ensino com as novas mídias por si só não gera mudanças. Ele afirma que só ocorrerá uma revolução na educação se forem modificadas simultaneamente as concepções e práticas tradicionais do ensino, que mantém distantes professores e alunos. Caso contrário, se causará uma pseudotransformação, pois será dado um verniz de modernidade, sem modificar o essencial. A internet é um meio de comunicação que pode nos ajudar a rever, a ampliar e a modificar muitas das formas atuais de ensinar e de aprender.

4. Ambientes virtuais de aprendizagem: interação, interatividade e mediação pedagógica

Muito vem sendo discutido sobre os ambientes virtuais de aprendizagem (AVAs). Diversos pesquisadores se debruçam sobre a temática, buscando trazer definições, apontar suas potencialidades e possibilidades pedagógicas.

Para Ribeiro et al (2007), os AVAS são softwares elaborados para atingir objetivos pedagógicos. A função do AVA é a mediação do processo de aprendizagem para que o conhecimento seja construído através das diversas ferramentas disponíveis para promover uma aprendizagem efetiva.

Dentre as características dos AVAs apontadas pelos referidos pesquisadores, consideramos importante destacar: a possibilidade de se dar atenção individual ao aluno; a interação entre o computador e o aluno, a possibilidade do aluno controlar seu próprio ritmo de aprendizagem, assim como a sequência, o tempo e a apresentação dos materiais de estudo de modo criativo, atrativo, e integrado, estimulando e motivando a aprendizagem.

Os AVAS diferenciam-se de outros ambientes disponíveis na internet pelas configurações e intencionalidades pedagógicas. As ferramentas oferecidas têm como objetivo subsidiar o trabalho pedagógico, com vistas à aprendizagem do aluno, através da interação com o AVA e mediação do professor.

Neste sentido, convém fazer a distinção entre os termos interação e interatividade. O primeiro é do domínio das relações e processos comunicacionais e de aprendizagem de um modo geral, que não estão necessariamente associados ao contexto tecnológico contemporâneo. O segundo emerge como termo cunhado na sociedade da informação.

Para Silva (2006), a terminologia interatividade emerge da necessidade de atender a uma nova modalidade comunicacional interativa, a qual se caracteriza pelo modo dialógico com que os usuários interagem uns com os outros. Segundo esta perspectiva, a interatividade possibilita a ampliação da construção do conhecimento em suas múltiplas formas e dimensões, potencializadas pelos recursos tecnológicos disponíveis.

Os ambientes virtuais de aprendizagem favorecem os elementos fundamentais da educação a distância: interatividade, flexibilidade de espaço/tempo, aprendizagem em redes colaborativas, autonomia dos alunos, fusão/integração de mídias/ linguagens e a mediação do professor.

Almeida (2003) destaca que os AVAs possibilitam que os sujeitos interajam através de ferramentas tecnológicas, elaborando e socializando produções. Dentre os recursos que oferecem suporte à aprendizagem virtual, podemos destacar: salas de bate papo, blogs, fóruns de debate/discussão, glossários, webquests, quiz, entre tantos outros.

Na perspectiva da referida autora, outro elemento importante dos AVAs é o tipo de comunicação, que pode ser muitos para muitos, um para um, um para muitos. Na primeira, muitos para muitos, todos os participantes agem de modo colaborativo, ou seja, todos têm corresponsabilidades na realização dos debates, criação e desenvolvimento das comunidades. Como exemplo temos as wikis, nas quais há uma produção compartilhada que valoriza a construção coletiva. Na comunicação que acontece de um para muitos, há um mediador que estabelece regras e faz intervenções. Um exemplo pertinente é o fórum de discussão, no qual há sempre uma figura provocando o debate e mediando as discussões. No tipo comunicacional um para um, o processo é mais restrito à veiculação de informações, que normalmente se limitam ao envio e recebimento de mensagens.

PARA SABER MAIS! Para conhecer mais sobre os ambientes virtuais de aprendizagem que possuem essas ferramentas de comunicação, acesse https://moodle.org. Lá é possível encontrar muitas informações sobre o AVA. A página encontra-se em inglês, mas você utilizar as ferramentas de modificação do idioma.

Como se pode observar, a EaD é um campo bastante amplo e que se encontra em expansão no Brasil e no mundo. Certamente, há muito o que se discutir sobre as possibilidades da modalidade no ensino superior. Os AVAS estão ficando cada vez mais sofisticados, no sentido de favorecer a aprendizagem coletiva e colaborativa. E nesse sentido, é importante que tanto o professor quanto o aluno repensem seus papéis na sociedade contemporânea. Certamente, o papel do professor está intimamente relacionado à sua capacidade de aprender e ressignificar suas práticas no contexto da educação a distância.

Glossário – Unidade 3

ABED – sigla de Associação Brasileira de Educação a Distância, sociedade científica, criada por um grupo de educadores interessados em novas tecnologias de aprendizagem e em educação a distância.

Ferramenta assíncrona – interação que ocorre em tempos distintos, nos quais o processo comunicacional não ocorre em tempo real, ao mesmo tempo.

Ferramenta síncrona – o processo comunicacional com o contato ou trocas ocorrem ao mesmo tempo, simultaneamente. Exemplos: chats, bate papos online.

Educação a distância – termo abrangente que envolve a prática educativa de processos de ensino e de aprendizagem mediados por tecnologias.

Ensino a distância – está associado especificamente às atividades de instrução, transmissão de conhecimentos e informações.

E-learning – engloba uma diversidade de práticas pedagógicas que potencializam novas formas de aprendizagem em Educação a Distância (EAD), mediadas por computador, tendo como pressuposto básico a interação, em tempos e espaços diversos, oferecida, sobretudo, pelo acesso à internet.

B-learning – combinação de múltiplas abordagens à aprendizagem, explorando, de modo conjugado, os ambientes virtuais e presenciais, sendo de natureza mista.

M-learning – fusão de diversas tecnologias de processamento e comunicação de dados que permite ao grupo de estudantes e aos professores uma maior interação, fazendo uso, basicamente, das tecnologias de redes sem fio (dispositivos móveis e portáteis).

Sustentabilidade financeira – modo adequado de administrar as finanças.

Webconferências – reunião virtual que utiliza aplicativos ou serviço com possibilidade de compartilhamento de apresentações, textos, vídeo, voz, entre outros recursos midiáticos.

UNIDADE 4

AVALIAÇÃO: SOFTWARES EDUCACIONAIS, RECURSOS E FERRAMENTAS PARA AVALIAÇÃO DA APRENDIZAGEM NA EDUCAÇÃO A DISTÂNCIA

Capítulo 1 Avaliação e o ensino: evolução história dos conceitos e abordagens avaliativas na educação, 68

Capítulo 2 Avaliação da aprendizagem na educação superior à distância: discutindo possibilidades avaliativas, 73

Capítulo 3 Softwares: a importância desse recurso para a aprendizagem, 78

Capítulo 4 A avaliação de softwares educativos, 83

Glossário, 86

Referências, 87

1. Avaliação e o ensino: evolução história dos conceitos e abordagens avaliativas na educação

Nesta Unidade vamos estudar sobre o processo de avaliação na Educação Superior a Distância, assim como na educação presencial, com a utilização de softwares educacionais. Para que essa discussão seja realizada, é necessário retomar algumas bases da avaliação, tendo em vista que os fundamentos dos quais emergem a avaliação na Educação Superior a Distância têm muitos de seus elementos baseados na avaliação presencial. Isso se explica por dois motivos principais: um deles é que a ação pedagógica relacionada à avaliação pressupõe alguns aspectos que são comuns às duas modalidades, ensino presencial e ensino a distância, mesmo que cada uma destas modalidades possua sua especificidade em termos de espaços, tempos e formas de ensinar e aprender. O segundo motivo é que a ação de avaliar, seja na educação presencial, seja na educação a distância, numa abordagem formativa, deve considerar o processo gradativo de construção do conhecimento, as intervenções didático-pedagógicas e as finalidades da avaliação, além dos seus instrumentos e procedimentos **avaliativos**.

Em se tratando da avaliação em ambientes de aprendizagem, um elemento que merece nossa atenção são as ferramentas disponíveis através dos softwares. Nesse sentido, iremos também compreender, ao longo dessa Unidade, a importância dos softwares educacionais para o processo de aprendizagem, analisando suas potencialidades do ponto vista da avaliação.

Figura 1 - Avaliação

Analisando a figura e pensando, então, no conceito de avaliação vinculado ao nosso cotidiano, quando falamos no termo "avaliar", na maioria das vezes, as imagens que nos vêm à mente são imbuídas dos sentimentos provocados por instrumentos avaliativos como verificação, mensuração, provas, notas e menções.

Falar em avaliação gera, para um grande número de pessoas, sentimentos negativos relacionados ao medo, semelhantes à ideia de um julgamento. É como se estivesse em jogo o poder de alguém sobre nós, tal como o de um juiz que decide se o réu é absolvido ou se é considerado culpado. Essas representações da avaliação não fazem parte apenas do senso comum. Diversos autores do campo da avaliação mencionam em suas pesquisas que os próprios docentes ainda possuem visões da avaliação associadas a esta perspectiva. Entretanto, não podemos ficar presos aos aspectos reducionistas que essas representações da avaliação possuem no cotidiano e na prática pedagógica.

Para isso, antes de qualquer coisa, é necessário entender que a avaliação é um processo de extrema importância para o ensino e para a aprendizagem. Nesse sentido, é preciso superar as visões que não dão conta da complexidade desse processo, sobretudo porque em se tratando do âmbito educativo, esse é um campo cuja compreensão equivocada gera uma série de impactos negativos nos processos de ensinar e aprender.

Na atualidade, o termo avaliação apresenta definições e abrangências bastan-te complexas, englobando uma série de elementos do sistema educacional, tais como: currículos, programas, professores, alunos, entre outros, tornando, as-sim, a compreensão do processo avaliativo em objeto de discussões polêmicas no âmbito educacional.

Há uma variedade de abordagens e uma larga produção teórica sobre avaliação, o que gera uma série de questionamentos, tendo em vista a amplitude que a temática possui e a quantidade de elementos que ela envolve.

Segundo Nóvoa e Estrela (1993), a avaliação é atualmente "uma área de enorme complexidade técnica e científica, seja pela dimensão formativa, com o objetivo de acompanhar o desenvolvimento do aluno e orientá-lo no processo, seja pela dimensão somativa da regulação, compreendendo por esta dimensão como o necessário à correção dos desvios significativos, do monitoramento das atividades previstas no planejamento e da certificação. A avaliação pode ser considerada como um processo decisório."

Diante dessa complexidade de significados, a avaliação pode ser melhor entendida a partir de uma contextualização temporal, que nos possibilite compreender a evolução do processo avaliativo e suas inter-relações com as mudanças socioeconômicas e pedagógicas ocorridas em cada momento histórico. Assim, a avaliação da aprendizagem vem sendo bastante discutida no âmbito dos espaços educacionais e diversas propostas teóricas enfatizam a necessidade de uma mudança paradigmática, tendo em vista os desafios impostos pelo novo cenário econômico-político-social, voltado para a lógica de resultados e de produtividade.

A trajetória da avaliação mostra que a evolução de suas funções aponta para uma concepção em que o processo avaliativo não segue padrões rígidos, mas que é demarcado por dimensões pedagógicas, históricas, sociais, econômicas e políticas, diretamente relacionadas ao contexto em que se insere.

Vianna (2000) destaca que a avaliação evolui diferentemente nos vários ambientes educacionais, com histórias bastante distintas, embora apresentem pontos em comum no que se refere aos valores e crenças que as originaram. Assim, o campo conceitual da avaliação se desenvolve e se constitui historicamente, sofrendo transformações.

Nessa perspectiva, faremos uma breve apresentação dos principais modelos de avaliação, sob o enfoque de alguns teóricos que influenciaram significativamente o campo da avaliação educacional.

Compreendendo a avaliação educacional como um amplo campo que engloba diferentes dimensões, situamos o leitor no debate geral da avaliação e suas relações com o contexto sócio-histórico, com o intuito de melhor compreender a avaliação da aprendizagem, tendo em vista que ela reflete esses elementos.

Historicamente a avaliação tem se configurado como um mecanismo de controle social, enfatizando e reproduzindo relações de poder que levam à exclusão de uma grande parcela dos sujeitos. A este respeito, cabe dizer que

> "A avaliação sempre foi uma atividade de controle que visava selecionar e, portanto, incluir alguns e excluir outros" (GARCIA, 2008, p.26).

A tradição dos exames escolares como conhecemos atualmente teve início nos séculos XVI e XVII, por meio de atividades pedagógicas desenvolvidas pelos padres jesuítas em suas missões e pelo bispo protestante John Arnós Comênio. A Ratio Atque Studiorum em 1599 foi a obra jesuítica que marcou a pedagogia dos exames escolares, pois determinava quando e como estes exames deveriam ser aplicados (Luckesi, 2006). Tanto o método jesuíta como o método de Comênio associavam a avaliação ao medo, ao poder e à manutenção do status quo. Exatamente por isso ainda associamos as práticas avaliativas aos sentimentos negativos.

No mundo ocidental, a avaliação educacional passou a ser sistematizada após a revolução francesa, em 1789. A classe burguesa tomou o poder, antes restrito à Igreja e aos nobres (senhores feudais), e mesmo sob o lema da igualdade, liberdade e fraternidade, acabou por tornar-se conservadora, já que buscou manter o poder econômico e social que conquistou, tendo a escola que se adequar às necessidades

Unidade 4 – Avaliação: softwares educacionais, recursos e ferramentas... 71

e anseios desse novo extrato social. Para se manter no poder, a burguesia excluiu pessoas que não pertenciam a ela por meio de leis, da formação de um mercado econômico diferenciado (industrial) e, também, da escola, cuja hegemonia burguesa se deu por intermédio de exames e da pedagogia que se instalou.

Neste mesmo período, surgiu na Europa, mais especificamente em Portugal e na França, uma ciência chamada docimologia, que deriva da palavra "nota" em grego. Esta ciência surgiu como uma crítica aos métodos tradicionais utilizados nos exames e concursos, possuindo duas vertentes: a clássica, também chamada de negativista; e a experimental, ou positivista. Segundo Despresbiteris (1989) a docimologia clássica tinha como objetivo principal o aperfeiçoamento de técnicas e a elaboração de instrumentos de avaliação. Já a experimental via na avaliação um modo de medir e padronizar o comportamento, analisando a reação dos aplicadores e a discrepância entre a situação proposta nos exames e os critérios dos aplicadores. A docimologia passou a ter destaque nos Estados Unidos somente a partir de 1931.

Segundo Vianna (2000), a partir das primeiras décadas do século XX, nos Estados Unidos e Inglaterra, surgiu a preocupação em associar o processo socioeconômico aos valores e conhecimentos transmitidos por intermédio da educação, o que gerou a necessidade de um sistema de controle de todas as atividades diretamente ligadas à educação, o que possibilitou, a partir de um trabalho pioneiro de E. Thorndike e K. Pearson e seus colaboradores, o desenvolvimento da pesquisa, da avaliação educacional e da tecnologia dos instrumentos e medidas, bem como das técnicas de análise quantitativa.

Nessa fase predominou, ainda, a ideia de **avaliação como medida**, associada fundamentalmente à aplicação de testes, reiterando um caráter instrumental ao processo avaliativo. A preocupação dos estudiosos encontrava-se na elaboração de instrumentos ou testes para verificação do rendimento escolar.

O papel do avaliador neste momento histórico era, então, eminentemente técnico e, neste sentido, testes e exames eram indispensáveis na classificação de alunos para demonstrar seu progresso. A avaliação concentrava-se nas diferenças individuais, desvinculada ainda dos programas escolares e do desenvolvimento dos currículos, inserindo-se basicamente no campo da psicologia, de onde surge o conceito de psicometria.

Nessa perspectiva, cabia à avaliação coletar os dados sobre a aprendizagem dos alunos, com a finalidade de classificá-los, a partir dos seus desempenhos, demonstrados através dos escores obtidos com a aplicação de testes de medição.

No decorrer da história da avaliação, ela foi sendo ressignificada e a partir dos anos 1960 é que se iniciaram as primeiras ideias sobre **avaliação formativa**, que ultrapassava a visão meramente do resultado final, mas que considerava a importância do processo de construção destes resultados.

Nessa direção, vamos relembrar os conceitos de avaliação de autores como Bloom e Stufflebeam, buscando analisar aspectos fundamentais para compreender esse processo e transformá-lo no pano de fundo que irá permitir analisar a importância desse processo tanto para a educação a distância, como para o processo de avaliação dos recursos envolvidos nessa modalidade educacional, como por exemplo, os softwares educativos.

Para Bloom e seus colaboradores, a avaliação é um processo sistemático de coleta de evidências que busca determinar se de fato ocorreu modificação nas aprendizagens dos alunos e o grau dessas modificações. Nessa concepção, o autor apresenta uma classificação, denominada de taxonomia da avaliação, e trabalha com quatros aspectos:

- a avaliação é uma sequência de episódios cumulativos;
- a avalição consiste em coletar evidências das aprendizagens;
- a avaliação deve estar em sintonia com os objetivos de aprendizagens; e
- a avaliação deve verificar o atingimento dos objetivos de aprendizagens, bem como checar em que medida isso ocorreu.

Bloom elaborou sua taxonomia inicial destacando que seria importante, ao final do processo de aprendizagem, que o aluno consiga: lembrar a informação, entender o significado e parafrasear um conceito, usar a informação ou o conceito numa nova situação, reunir ideias para formar algo novo e fazer julgamento sobre o valor (informação, compreensão, aplicação, análise, síntese e avaliação). A taxonomia de Bloom, como um dos autores clássicos do campo da avaliação, foi sendo repensada e ressignificada ao longo do tempo. Em 1999, outro autor do campo da avaliação, chamando Anderson, apresenta uma releitura da Taxonomia de Bloom e propõe seis capacitações, das mais simples à mais complexa, sejam: *lembrar, entender, aplicar, analisar, avaliar e criar.*

Já a perspectiva na qual Stufflebeam se coloca em relação a avaliação é diferente de Bloom, pois ele tem como foco programas e produtos de instrução e não o aluno. Para ele a avaliação "é o processo de delinear, obter informação que permita julgar alternativas de decisão".

Stufflebeam também trabalha com quatro aspectos;

- a avaliação é um processo;
- a avaliação é um processo centrado na informação;
- a avaliação tem três momentos (delineamento, obtenção das informações e fornecimento das informações); e
- a avaliação vincula a informação à decisão.

Estamos trazendo esses aspectos de duas diferentes concepções de avaliação para destacar que o professor da educação a distânica irá trabalhar com um ambiente multidisciplinar que inclui recursos diferenciados, como o uso de softwares (que também serão abordados ao longo dessa unidade), para que você comece a analisar o quanto é importante a avaliação dos recursos que serão utilizados nesse ambiente.

Nesse sentido, compreendemos que a abordagem formativa da avaliação oferece uma variedade de considerações importantes quando se trata de elaborar estratégias para avaliação nos cursos à distância.

2. Avaliação da aprendizagem na educação superior à distância: discutindo possibilidades avaliativas

A avaliação deve ser compreendida em seu caráter processual e democrático. Processual, no sentido de que ela ocorre de forma transversal, perpassando todo o caminho de aprendizagem do aluno, e democrática na medida em que a participação ativa do aluno se faz necessária e justa, sendo uma excelente oportunidade para o compartilhamento das responsabilidades entre professor e aluno, no processo de ensino e aprendizagem. Os ambientes virtuais de aprendizagem existentes na atualidade oferecem uma variedade de recursos e ferramentas que favorecem o desenvolvimento de práticas avaliativas diversificadas, nas quais é possível estabelecer estratégias para o acompanhamento processual da aprendizagem dos estudantes.

Respeito à negociação e a transparência da avaliação

Conforme Mendez (2002), o respeito à negociação e a transparência da avaliação são elementos essenciais no processo avaliativo. Envolve professores e alunos como corresponsáveis na escolha dos critérios e no desempenho de suas tarefas para a efetivação das práticas avaliativas, pois os critérios de valorização e de correção deverão ser explícitos, públicos e publicados, negociados entre professor e alunos. Seja na educação a distância, seja no ensino presencial com a utilização de softwares de aprendizagem, a avaliação precisa pautar-se em critérios nos quais estudantes e professores compartilhem responsabilidades. Para o estudante é muito importante compreender o seu papel na construção do conhecimento, pois assim é possível estimular a autonomia intelectual e o desenvolvimento de competências e habilidades. Para o professor é preciso entender a avaliação como um processo que envolve a ação pedagógica por completo, e como tal precisa revestir-se de um caráter transparente e compartilhado, no qual professores e estudantes aliam-se em busca de melhores desempenhos.

A importância do planejamento pedagógico e sua estreita relação com a avaliação

A este respeito, diversos autores destacam o papel dos objetivos de aprendizagem e das estratégias para envolver os estudantes no processo de construção do conhecimento na modalidade a distância. Esse é um fator de suma importância: o planejamento educacional do ambiente virtual que será utilizado.

Sendo assim, no planejamento para educação a distância, a avaliação ocupa um lugar central, já que os procedimentos e propósitos pedagógicos devem considerar não apenas os objetivos de aprendizagens, mas, também, os recursos envolvidos e a proposta metodológica que guiará essa aprendizagem. Nessa lógica, a avaliação formativa ocorre ao longo de todo o processo pedagógico, pois ela é capaz de sinalizar se os objetivos e estratégias estão gerando os resultados desejados, oferecendo a possibilidade de reformulações e ajustes nas práticas pedagógicas, ao longo de todo o processo.

Na educação a distância, o professor deve encarar seu papel de modo diferenciado, compreendendo sua extrema responsabilidade com a transição de paradigmas a partir da utilização de um modelo de educação, que oferece diversos e diferentes recursos, que permitem (quando bem utilizados) ao professor a ampliação de suas potencialidades didáticas, favorecendo um processo de ensino que extrapole o modelo tradicional centrado na transmissão do conhecimento.

Para Tajra (2004), o professor nesse modelo de ensino-aprendizagem deve possuir a capacidade de adequação à nova dinâmica do processo educacional, provocando uma verdadeira quebra no paradigma de adquirir o conhecimento. Ele deve ter a característica da flexibilidade e da mudança rápida, num constante aprender a aprender.

Com o uso das TICs, começam a existir múltiplas possibilidades para planejar a educação e organizar os processos de ensino e aprendizagens. No entanto, vale ressaltar que o modelo de ensino oferecido necessita de uma reestruturação profunda, deixando o estilo de avaliação tradicional para trás e considerando um novo momento em que os recursos tecnológicos devem ser utilizados amplamente.

Sendo assim, a ideia central é que por trás de toda ação educativa existe uma concepção de ensino e de aprendizagem. Em se tratando especificamente da avaliação da aprendizagem, essa ideia ganha força, uma vez que a forma como o processo avaliativo se efetiva na prática docente varia em suas finalidades e instrumentos de acordo com o que se concebe acerca do ensinar e do aprender. A este respeito, a educação a distância tem como especificidade o fato de utilizar tecnologias que oferecem diversas formas de **interação**, seja com conteúdos informativos, seja através da interação entre os sujeitos.

Desse modo, à medida que se acessa os ambientes online de aprendizagem, além da informação, existem à disposição, recursos que possibilitam a interlocução entre os sujeitos, o que favorece a aprendizagem. Santos (2008, pág. 80) ressalta que na educação a distância em ambientes virtuais, os textos sobre os conteúdos em estudo podem ser disponibilizados em forma de hiperlinks, que permitem ao aprendiz decidir o rumo da sua navegação pelos diversos links disponíveis, revelando um pensar não linear, de modo que os conhecimentos se reorganizam conforme os objetivos ou contextos, uma forma de trabalho que geralmente não tem espaço na educação convencional.

As ferramentas tecnológicas possuem uma variedade de possibilidades e podem viabilizar uma aprendizagem colaborativa, baseada na construção coletiva. Os recursos digitais e a internet oferecem diferentes ferramentas, como aplicativos, fóruns, salas de bate-papo, mensagens instantâneas, blogs, listas de discussão, além de tantas outras interfaces que possibilitam o diálogo, o debate e a negociação (SILVA, 2006) e viabilizam, assim, um efetivo acompanhamento do processo de aprendizagem.

Convém esclarecer o significado de um termo que vem ganhando destaque enquanto referencial para aprendizagem em ambientes virtuais: aprendizagem colaborativa, que, embora não seja um termo novo, vem se popularizando bastante no campo da EaD online. Mas o que seria aprendizagem colaborativa? Segundo Alcântara (2003), a aprendizagem colaborativa pode ser considerada como um processo que favorece a inserção dos estudantes em comunidades de conhecimento. A este respeito, Alcântara et al (2004) apresentam alguns elementos básicos enquanto estratégias para a aprendizagem colaborativa: a interdependência positiva, a interação face a face, a contribuição individual, o desenvolvimento de habilidades interpessoais e de atividade em grupo.

A interdependência positiva fundamenta-se na responsabilidade de todos sobre a produção final que está sendo construída, sendo imprescindível que os sujeitos envolvidos sejam corresponsáveis pela construção do conhecimento do grupo. A interação face a face, caracteriza-se pela cooperação entre os sujeitos, indo ao encontro do conceito de Zona de Desenvolvimento Proximal (ZDP), na qual o processo de aprendizagem é favorecido pelas interações sociais que os sujeitos "menos experientes têm com os "mais experientes". Por sua vez, a contribuição individual é fundamentada na ideia de que, em toda aprendizagem em grupo, é necessário que o sujeito tenha a compreensão da importância da sua participação no trabalho, sendo este um elemento motivador que tornará a aprendizagem mais rica. O desenvolvimento de habilidades interpessoais e de atividade em grupo, além de possibilitar aos sujeitos a apropriação dos conceitos pertinentes ao trabalho proposto, desenvolve a habilidade de relacionamento em grupo.

Assim, compreendemos que a aprendizagem colaborativa na EAD online potencializa o processo de construção do conhecimento e possibilita a realização de uma avaliação formativa e dialógica. Entretanto, sabemos que a avaliação da aprendizagem na modalidade a distância é um tema polêmico, constantemente evocado nos debates educacionais, sobretudo em se tratando das concepções e modelos de avaliação que possam ser mais adequados à educação a distância, assim como a utilização da metodologia pedagógica que esses ambientes virtuais de aprendizagem oferecem, a partir de suas interfaces.

Esta controvérsia é complexa, considerando-se, por exemplo, a Zona de Desenvolvimento Proximal, cuja base teórica sustenta a importância da **mediação** do outro mais competente, assim, a mediação docente na educação a distância (EAD) assume um papel relevante. Entretanto, o que ocorre em alguns modelos de cursos, é que as atividades se pautam numa perspectiva instrucionista dos processos de ensino e de aprendizagem, e relegam ao último plano o papel do outro mais competente.

O processo de aprendizagem na EaD passa a ser, assim, uma tarefa solitária, na qual nem sempre é possível obter sucesso. Nesse sentido, é importante entender que educação a distância em ambientes virtuais, enquanto modalidade de ensino, ainda está se firmando.

Desse modo, seus princípios, fundamentos e práticas tem, em sua maioria, como base a experiência dos cursos presenciais para estruturar suas concepções e ações. Consideramos, outrossim, que a mais vasta experiência com o ensino presencial não é suficiente para assegurar a qualidade dos ambientes virtuais de aprendizagem, isto porque, a educação a distância em ambientes virtuais possui uma lógica própria de concepção e linguagem, não tendo sentido algum a tentativa de transpor diretamente modelos educativos presenciais para os espaços de aprendizagem na modalidade a distância.

Considerando as especificidades da utilização de ambientes virtuais para a aprendizagem, existem algumas ferramentas que, quando bem utilizadas, contribuem significativamente para os processos de ensino e aprendizagem. Dentre estas se destacam:

a) **o fórum**: pode ser utilizado isolado ou associado a outras ferramentas em atividades dirigidas. É uma ferramenta assíncrona de discussão. Nele, o sujeito pode expressar sua opinião. Considera aspectos qualitativos e quantitativos;

b) **o diário de bordo**: permite ao sujeito postar suas reflexões acerca de um tema e o relato dos seus processos de aprendizagem. Possibilita a interação apenas entre aluno e professor-tutor;

Unidade 4 – Avaliação: softwares educacionais, recursos e ferramentas...

c) **a *wiki***: ferramenta assíncrona de escrita colaborativa. Permite edição coletiva dos documentos e atualização dinâmica. É necessário estar articulada a outra ferramenta, como o fórum e o chat, para que os alunos possam organizar suas ideias e traçar suas metas;

d) **o *chat***: ferramenta de comunicação síncrona, exige que os participantes da discussão estejam conectados simultaneamente para que o processo de comunicação seja efetuado;

e) **as listas de discussão**: ferramentas de comunicação assíncronas. Caracterizam-se pelo recebimento e envio de mensagens por e-mail;

f) **o blog**: páginas pessoais da internet cujo mecanismo possibilita registrar e atualizar em ordem cronológica opiniões, fatos, emoções, imagens, além de outros conteúdos que se queira disponibilizar.

Mesmo com o crescimento das discussões teóricas no campo da avaliação em educação a distância em ambientes virtuais, como citado anteriormente, alguns entraves para a construção de uma nova cultura avaliativa, compatível com os pressupostos teóricos que orientam as ações pedagógicas em educação a distância, ainda se fazem presentes, como as avaliações presenciais exigidas pelas determinações oficiais que supervalorizam o momento presencial, em detrimento da construção processual vivenciada nos ambientes de aprendizagem virtuais, indo contra a própria essência da educação a distância em ambientes virtuais que pressupõe a construção processual do conhecimento.

As ferramentas de interação disponíveis nos ambientes virtuais oferecem possibilidades múltiplas para que o professor possa mediar a aprendizagem do aluno e desenvolver um processo de avaliação formativa, a partir do levantamento de informações que o auxiliem na criação de intervenções e estratégias de aprendizagem.

Em estudo realizado, Santos (2008) abordou a questão do uso das ferramentas para avaliação oferecidas pelo AVA e ressaltou que algumas ferramentas são úteis para algumas dimensões e propósitos da avaliação, mas que não servem para acompanhar o desempenho qualitativo do aluno, a exemplo dos relatórios de controle da participação do aluno e da assiduidade na entrega das tarefas. Ela destaca que este recurso pode ser útil para a avaliação da aprendizagem, mas não é suficiente para o professor identificar os avanços e dificuldades dos alunos em termos de aprendizagem dos assuntos.

Nessa perspectiva, é visível a necessidade de diversificar os instrumentos utilizados para avaliar, indo além daquilo que os softwares oferecem para a avaliação. Confirma-se, assim, a ideia de que a tecnologia, por si só, não consegue modificar a prática avaliativa, por mais recursos que ela ofereça. As ferramentas de interação constituem-se como recursos para serem utilizados pelo professor, não como fim em si mesmos, mas como recursos cuidadosamente analisados e validados, sendo imprescindível a mediação do professor para que o processo de avaliação ocorra na perspectiva processual das aprendizagens.

3. Softwares: a importância desse recurso para a aprendizagem

Para abordamos a importância dos Softwares como recurso para a aprendizagem, precisamos antes de tudo definir o seu significado, já que, na atualidade, utilizamos indiscriminadamente os termos redes, softwares, aplicativos e outros. Nessa lógica, consideramos importante responder à pergunta: o que é um software?

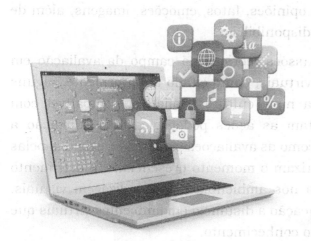

Uma definição de Software que nos parece elucidativa é a apresentada por Fedeli, (2010) segundo o qual o Software é todo e qualquer programa processado por um computador para executar tarefas e/ou instruções das quais resulte impressão de relatório, armazenamento de informação, transmissão de informação, além de outros elementos.

Existem algumas classificações de softwares, segundo suas tipologias e características, podendo ser software de sistema, software de programação ou software de aplicação. Para entendermos melhor, convém analisar o quadro a seguir:

Quadro 1 - Classificação dos Softwares		
Software de Sistema	Software de programação	Software de Aplicação
- conjunto de informações processadas pelo sistema interno de um computador. - permite a interação entre usuário e os periféricos do computador através de uma interface gráfica.	- conjunto de ferramentas que permitem ao programador desenvolver sistemas informáticos. -Geralmente é utilizado com linguagens de programação e um ambiente visual de desenvolvimento integrado.	- são programas de computadores que permitem ao usuário executar uma variedade de tarefas específicas. - Estende-se às diversas áreas de atividade: contabilidade, educação, saúde, áreas comerciais, etc.

Software de aplicação

É importante mencionar ainda que, dentro dos softwares de aplicação, encontramos os de uso livre, de uso proprietário e os comerciais. Os chamados softwares livres são aqueles que podem ser livremente copiados, utilizados, modificados por que tem uma cópia licenciada. Alguns exemplos são o **Moodle** e o **Amadeus**. Quanto aos softwares proprietários, os direitos são exclusivos do proprietário. Qualquer alteração (quando é permitida) só pode ser feita com a compra da licença. Os softwares comerciais são criados com o objetivo de gerar lucro para a empresa que os criou, seja pela venda de licenças ou pela utilização de anúncios no programa.

Em se tratando de softwares para usos educacionais, utilizaremos uma classificação apresentada por Oliveira e Colaboradores (2001) que, ao abordarem essa discussão, enquadram os softwares em duas categorias: softwares aplicativos e softwares educacionais, ilustradas no quadro a seguir:

Quadro 2 - Classificação de Softwares para Usos Educacionais	
Softwares Aplicativos	**Softwares Educativos**
São programas de uso geral que não foram elaborados para finalidades educativas, mas que podem ser utilizados para tais finalidades, através da intencionalidade e mediação do professor. Exemplos: processadores de textos, planilhas, editores gráficos, banco de dados, entre outros.	São programas desenvolvidos especificamente com a finalidade de favorecer os processos de ensino de conteúdos específicos. Possuem um caráter didático e possibilitam a construção do conhecimento através de diferentes formas de mediação/interação: humano-humano/humano-computador.

Analisando o quadro anterior, é possível compreender que o que distingue um **software aplicativo** de um **software educativo** é que o segundo fundamenta-se em pressupostos de aprendizagem, trazendo em seu conteúdo e organização elementos da interação que possibilitam a aprendizagem através da mediação pedagógica.

Os softwares aplicativos não são especificamente educacionais, mas são comumente utilizados como contexto para o ensino, como apoio à aprendizagem, enriquecendo a prática educativa.

Dentre estes aplicativos usados com finalidade educacionais, podemos destacar: sistemas de autoria, sistemas de hipertexto, ambientes tutorias e linguagem LOGO.

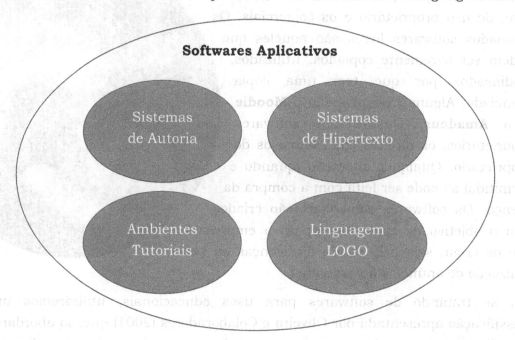

- **Sistemas de autoria** – favorecem a utilização pelo professor deste recurso a partir de elaboração e desenvolvimento de tutoriais através de recursos de imagem, som e texto, utilizando-se de interfaces gráficas.

- **Sistemas de hipertexto** - sistemas que facilitam o desenvolvimento de hipertextos, mesmo que o professor possua conhecimentos de programação ou linguagem html, uma vez que a popularização da internet favorece a construção de redes hipertextuais, formando uma ampla rede de conceitos e exemplos.

- **Ambientes tutoriais** – o estudante desenvolve o tutorial na construção do conhecimento que está sendo abordado na aprendizagem, promovendo uma interação entre o sujeito e o objeto do conhecimento. Simultaneamente, à medida que o aluno desenvolve o tutorial, ele se apropria do conteúdo ali inserido.

- **Linguagem LOGO** – linguagem da programação que permite o desenvolvimento do raciocínio através da elaboração de projetos. O estudante formula hipóteses, testa, reformula, analisa as possibilidades e visualiza o erro como uma etapa na construção de seu projeto.

Abordados os principais tipos de softwares aplicativos utilizados com finalidade educativa, iremos agora apresentar os softwares educativos propriamente ditos. Para compreendermos mais detalhadamente os tipos de software educativos, faremos uso de um esquema construído para ilustração, tendo como base a classificação propostas por Sancho (1998).

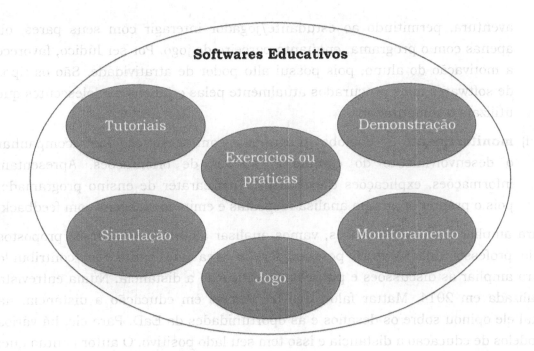

Analisando o esquema anterior com os principais tipos de softwares, detalharemos brevemente o que caracteriza cada um deles:

a) **tutoriais** - programas que possibilitam acesso ao conteúdo didático. O programa instrui o aluno para realizar tarefas específicas, fornecendo informações e fazendo perguntas e respostas. A interação é mais entre o aluno e os dados fornecidos pelo programa;

b) **exercício ou prática** - programas que apresentam problemas para serem resolvidos pelo estudante. Baseiam-se na interação por perguntas e respostas. Normalmente são utilizados para sistematizar conteúdos discutidos na prática pedagógica. Esse tipo de programa normalmente corrige os erros, podendo dar exemplos que auxiliem o aluno na compreensão e análise da resposta correta;

c) **demonstração** – programas que demonstram fórmulas, conceitos matemáticos, leis físicas. Possuem um grau de **interatividade** baixo, pois se baseiam prioritariamente na visualização através da tela, sem que haja interferência do estudante; e

d) **simulação** - são programas interessantes, pois apresentam experiências reais, através da tela com a modelagem do sistema ou situação. Possuem caráter exploratório, favorecendo o processo de escolha pelo estudante/usuário. Permitem o desenvolvimento de diversas habilidades e competências, sobretudo na resolução de problemas e nos conhecimentos lógico-matemáticos;

e) **jogo** - possui um caráter lúdico, favorece o desenvolvimento de diferentes habilidades, pois pode ser projetado com foco na competição, na estratégia, aventura, permitindo ao estudante/jogador interagir com seus pares, ou apenas com o programa, enquanto parceiro de jogo. Por ser lúdico, favorece a motivação do aluno, pois possui alto poder de atratividade. São os tipos de softwares mais procurados atualmente pelas crianças e adolescentes que utilizam o computador.

f) **monitoramento** - engloba programas com a função de acompanhar o desenvolvimento do estudante, através de orientações. Apresentam informações, explicações e exercícios. Têm caráter de ensino programado, pois o próprio programa analisa respostas e emite mensagens com feedback.

Para ampliar nossas discussões, vamos analisar alguns dos recursos propostos pelo professor João Mattar, pesquisador da área que muito tem contribuído para ampliar as discussões e práticas na educação a distância. Numa entrevista realizada em 2014, Mattar falou das tendências em educação a distância, na qual ele opinou sobre os desafios e as oportunidades da EaD. Para ele, há vários modelos de educação a distância e isso tem seu lado positivo. O autor pontua que:

"É necessário trabalhar modelos mais interativos, nos quais as instituições invistam mais no design das interações e no acompanhamento dos professores e alunos. Às vezes são modelos mais caros, mas também viáveis".

Mattar destacou também que é muito ruim caminharmos para um futuro só pensando no PDF múltipla escolha. A tecnologia traz novidades, ferramentas, tendências de uso de dispositivos móveis, videogames, vídeos com opções interativas e realidade aumentada (nos quais os alunos podem simular virtualmente um laboratório de física, por exemplo). No seu entendimento, tudo isso deve ser incorporado na criação de modelos interessantes.

Mattar avaliou também que,

"(...) outro desafio que temos é a formação de professores. O professor presencial não é automaticamente bom na modalidade a distância para produzir conteúdo e ser o tutor. É preciso dar continuidade ao processo de formação destes professores e também de toda a equipe: designers, produtores de vídeo e parte gráfica, pensando num novo tipo de educação.".

PARA SABER MAIS! É Possível acessar a entrevista do Professor João Mattar e conhecê-la na íntegra. Basta acessar o site https://www.ead.cesumar.br/site/ noticia_individual/314/entrevista_professor_joao_mattar__tendencias_e_novas_ tecnologias_na_ead. Caso queira ampliar a sua pesquisa, acesse o blog do Professor: http://blog.joaomattar.com/.

Todas essas propostas de discussões ajudarão você a compreender que todos os recursos envolvidos na educação a distância adquirem importância a partir do seu

Unidade 4 – Avaliação: softwares educacionais, recursos e ferramentas...

processo de avaliação sobre os mesmos. Por exemplo, um jogo tecnológico pode se transformar num importante recurso, a partir do momento que seus objetivos de ensino passam a guiar esse jogo.

No artigo *O uso do Second Life como ambiente virtual de aprendizagem*, Mattar apresenta o Second Life, mundo virtual em terceira dimensão, como uma ferramenta muito importante para a aprendizagem.

> *PARA SABER MAIS! Caso queira conhecer o artigo na íntegra, acesse http://www.comunidadesvirtuais.pro.br/seminario4/trab/jamn.pdf.*

Segundo Mattar, o *Second Life* é uma ferramenta com um potencial único para criar comunidades de aprendizagem, muito mais interessante do que ferramentas assíncronas chapadas, que têm sido o padrão em educação a distância. Trata-se, de acordo com a sua opinião, de uma ferramenta poderosa para facilitar o envolvimento dos alunos. Ela possibilita colocar em prática diversas estratégias contemporâneas do design instrucional, como aprendizado distribuído, aprendizado pela descoberta, situado, aprendizado ancorado, autêntico, aprendizado pelo fazer e aprendizado ativo.

Podemos afirmar, com certeza, que o uso das tecnologias possibilita uma aprendizagem multi e pluridisciplinar, com aspectos diversos para serem explorados no processo de ensino e que isso terá várias implicações para a aprendizagem.

4. A avaliação de softwares educativos

A utilização de softwares educativos pressupõe uma avaliação minuciosa, buscando conhecer e identificar suas potencialidades pedagógicas, pois ela pode favorecer o desenvolvimento de habilidade de resolução de problemas, análise e sistematização do conhecimento, habilidades de investigação, relação teoria e prática, entre outros.

É importante destacar que a avaliação de um software educacional está diretamente relacionada à concepção de educação que orienta as escolhas e processos de mediação da aprendizagem, já que existe atualmente uma diversidade de propostas pautadas em diferentes paradigmas educacionais (sóciointeracionista, cognitivista, behaviorista, entre outros).

Nessa perspectiva, diversos autores abordam esta temática, elencando critérios relativos à concepção, desenvolvimento, implantação e utilização do software. Apresentaremos a seguir alguns desses critérios, baseados na proposta de Costa e Moreira (2001):

a) **interação aluno-software-professor** - engloba o papel do professor na mediação da aprendizagem do estudante, as possibilidades de aprendizagem colaborativas e interação entre software e seus usuários. Desdobra-se nos seguintes itens: facilidade de uso – relativo às instruções para o uso, que são: ícones e botões, ferramentas de ajuda e dicas, linguagem, organização e navegabilidade;

b) **orientação didático-pedagógica e favorecimento do papel mediador do professor** – abrange a presença de orientação ao professor, a explicitação dos objetivos pedagógicos, sugestões para a sua utilização em diferentes circunstâncias e ambientes educacionais, bem como ideias que favoreçam a integração do software às atividades pedagógicas;

c) **atividades pedagógicas adequadas** – envolvem a coerência com a concepção educacional implícita na proposta pedagógica do software, desdobrando-se no nível das atividades em relação ao nível de conhecimento do usuário, compatibilidade dos desafios e das simulações, a concepção de erro e acerto, na qual a presença destes nas respostas do aluno pressupõem uma resposta, seja no oferecimento de outras tentativas, através de ferramentas de auxílio à superação das dificuldades, seja através da punição, nos softwares de proposta mais tradicional;

d) **adequação pedagógica dos recursos de mídia às atividades propostas** – engloba os recursos de hipermídia, imagem, animação, sons e efeitos sonoros e sua pertinência às atividades pedagógicas propostas. Desdobra-se na utilização adequada de recursos de hipertexto, sons, imagens e animações das atividades pedagógicas, com quantidade e qualidade que favorecem a aprendizagem do estudante;

e) **recursos motivacionais** – abrangem o interesse que o software desperta no estudante através da atratividade, receptividade através de interação imediata, desafios pedagógicos, interação com o usuário, interface/layout adequado com recursos visuais e sonoros pertinentes ao contexto;

d) **interatividade** – abrange as possibilidades de interação de modo coletivo ou individual, na qual o estudante tem a oportunidade de exercer influência sobre o conteúdo e a comunicação, assim como de simultaneamente ser influenciado por este conteúdo e comunicação; e

e) **conteúdo apresentado** – envolve a área de conhecimento selecionada e a pertinência do conteúdo, correção do conteúdo – relativo à correção do conteúdo, sua organização lógica, forma de apresentação (as formas utilizadas para favorecer a compreensão pelo estudante daquele saber não comprometem o entendimento amplo do conteúdo), simplificação (necessária para a compreensão dos diversos tipos de saber, desde que preservados aspectos que não empobreçam ou descaracterizem o conteúdo) e ausência de erros conceituais.

Os critérios apresentados anteriormente não esgotam as possibilidades para avaliação de softwares, mas buscam elucidar alguns dos principais elementos que devem ser considerados quando na análise de softwares para finalidades educacionais.

Nesse contexto, convém ressaltar o importante papel que assume o professor no sentido de atribuir legitimidade aos processos de ensino e aprendizagem mediados por meio da tecnologia educacional.

Glossário – Unidade 4

Amadeus – software de uso livre ou sistema de gestão de aprendizagem para educação a distância baseado numa mistura de aulas a distância com presenciais.

Avaliação como medida – abordagem de avaliação na qual prevalecem elementos quantitativos tais como notas e escores, em detrimento dos elementos qualitativos que emergem do processo de aprendizagem.

Avaliação formativa – abordagem de avaliação que tem caráter processual, ocorrendo durante todo o processo de aprendizagem.

Interação – processo comunicacional que ocorre entre professor e aluno, aluno e aluno no percurso de aprendizagem.

Interatividade – processo de interação através de um sistema comunicacional ou equipamento.

Mediação – refere-se basicamente ao relacionamento professor-aluno na busca da aprendizagem como processo de construção de conhecimento, a partir da reflexão crítica das experiências e do processo didático.

Modelo avaliativo – refere-se às diferentes abordagens avaliativas existentes no campo conceitual da avaliação educacional.

Moodle – software livre de aprendizagem online, permite a criação de cursos virtuais, páginas, grupos de estudo e comunidades de aprendizagem.

Software aplicativo - programa de uso geral que não foi elaborado para fins educativos, mas que pode ser utilizado para tais finalidades, através da intencionalidade e mediação do professor.

Software educativo - programa desenvolvido especificamente com a finalidade de favorecer os processos de ensino de conteúdos específicos.

Referências

ALCÂNTARA, P. R.; MARQUES SIQUEIRA, L. M.; VALASKI, S. Vivenciando a aprendizagem colaborativa em sala de aula: experiências no ensino superior. **Revista Diálogo Educacional**, v. 4, n.12, p. 1-20, 2004.

ALMEIDA, M. E. **Educação a distância na Internet:** abordagens e contribuições dos ambientes digitais de aprendizagem. Pontifícia Universidade Católica de São Paulo, 2003.

ALVES, João Roberto Moreira. **A educação a distância no Brasil:** síntese histórica e perspectivas. Rio de Janeiro: Instituto de Pesquisas Avançadas em Educação, 1994.

ALVES, João Roberto Moreira. **Educação a distância e as novas tecnologias de informação e aprendizagem**. Disponível em <http://www.engenheiro2001.org.br/programas/980201a1.htm> Acesso em: 20 dez. 2009.

ARAÚJO, José Carlos Souza. Do quadro-negro à lousa virtual: técnica, tecnologia e tecnicismo. In: VEIGA, Ilma Passos (org.). **Técnicas de ensino:** novos tempos, novas configurações. 3.ed. Campinas: Papirus, 2012.

BARILLI. Elomar Christina Vieira Castilho. Avaliação: acima de tudo uma questão de opção. In: Silva, Marco; SANTOS, Edméa (orgs). **Avaliação da aprendizagem na educação a distância** *online:* fundamentos, interfaces e dispositivos, relatos de experiências. São Paulo: Edições Loyola. 2006, p. 153-170.

BRANSON, R.K. Issues in the Design of Schooling: Changing the Paradigm. **Educational Technology**, 30(4): 7-10, April, 1990.

BRASIL. Decreto n. 5.622, de 19 de dezembro de 2005, regulamenta o Art. 80 da Lei 9394/96. Disponível em: <http://www.uab.capes.gov.br>. Acesso em: 19 jun. 2008.

BRASIL. Lei 9.394, de 20 de dezembro de 1996. Lei de Diretrizes e Bases da Educação Nacional, Brasília, 1996.

BRASIL. Ministério da Educação. Secretaria de Educação a Distância. Referências de qualidade para educação superior a distância. 2007. Disponível em: <http://portal.mec.gov.br/seed/indexar?>. Acesso em: 19 jun. 2008.

COSTA, J. W. e MOREIRA, M. **Ambientes informatizados de aprendizagem: produção e avaliação de software educativo**. Campinas: Papirus, 2001.

CUNHA, Maria Isabel da. **O professor universitário na transição de paradigmas.** Araraquara: JM Editora, 2005.

DESPRESBITERIS, Lea. **O desafio da avaliação da aprendizagem:** dos fundamentos a uma proposta inovadora. São Paulo: EPU, 1989.

ESTRELA, Albano; NÓVOA, António. **Avaliação em educação:** novas perspectivas. Porto: Editora Porto, 1993.

FEDELI, Ricardo Daniel. POLLONI, Enrico Giulio Franco. PERES, Fernando Eduardo. **Introdução à ciência da computação**. São Paulo: Cengage Learning, 2010.

FREIRE, Paulo. **Pedagogia da autonomia**. 35. ed. São Paulo: Paz e Terra, 1996.

FREITAS, M. T. de A. **Computador/internet como instrumentos de aprendizagem:** uma reflexão a partir da abordagem psicológica histórico-cultural. In: 2º Simpósio Hipertexto e Tecnologias na Educação. Universidade Federal de Pernambuco. Recife, anais eletrônicos, 2008. Disponível em <www.ufpe.br/nehte/simposio/2008>. Acesso em: 04 mar. 2012.

Garcia Aretio, Lorenzo. Educación a distancia hoy. In: LANDIM, Cláudia Maria das Mercês Paes Ferreira. **Educação à distância:** algumas considerações. Rio de Janeiro: Cláudia Maria das Mercês Paes Ferreira Ladim, 2008.

GARCIA ARETIO, Lorenzo. Educación a distancia hoy. In: LANDIM, Cláudia Maria das Mercês Paes Ferreira. **Educação à distância:** algumas considerações. Rio de Janeiro: Cláudia Maria das Mercês Paes Ferreira Ladim, 2008.

KENSKI, 2014. **Educação e tecnologias**. O novo ritmo da informação. Campinas: Papirus, 2012.

KENSKI, Vani Moreira. Avaliação em movimento: estratégias formativas em cursos online AulaNet. In: SANTOS, Edméa; SILVA, Marcos. **Avaliação da aprendizagem em educação on-line**. São Paulo: Loyola, 2006.

KENSKI, Vani Moreira. **Tecnologias e ensino presencial e a distância**. 9.ed. – Campinas: Papirus, 2012.

_____. **Educação e tecnologias o novo ritmo da informação**. 8.ed. Campinas: Papirus, 2012.

LANDIM, Cláudia Maria das Mercês Paes Ferreira. **Educação a distância:** algumas considerações. Rio de Janeiro: s.n., 1997.

LEE, J. J.; HAMMER, J. **Gamefication in education:** what, how, why bother? Academic Exchange Quarterly, 15(2), 146, 2011.

LUCKESI, Cipriano. **Avaliação da aprendizagem escolar**. São Paulo: Cortez, 2006

MATEUS FILIPE, A.J.; ORVALHO, J.G. *Blended-Learning* e aprendizagem colaborativa no ensino superior. VII Congresso Iberoamericano de Informática Educativa. s/d. Disponível em: <http://www.niee.ufrgs.br/eventos/RIBIE/2004/comunicacao/com216-225.pdf>. Acesso em: 21 nov. 2009.

MOORE, Michel G., KEARSLEY, Greg. **Distance education:** a systems view. Belmont: Wadsworth Publishing Company, 1996.

Referências

MORAN, José Manuel. O que é educação a distância. Disponível em: <http://www.eca.usp.br/prof/moran/dist.htm>. Acesso em: 20 nov. 2009.

MORAN, Manuel; MASETTO, Marcos; BEHRENS, Marilda. **Novas tecnologias e mediações pedagógicas**. Campinas: Papirus, 2012.

NUNES, Ivônio B., **Noções de educação a distância**. Disponível em: <http://www.ibase.org.br/~ined/ivoniol.html>. Acesso em: 25 out. 2008.

NUNES, Ivônio Barros. A história da EAD no mundo. In: FORMIGA, Marcos. LITTO, Fredric M. (orgs). **Educação a distância:** o estado da arte. São Paulo: Pearson, 2009.

OLIVEIRA, C. C. MENEZES, E.L., Moreira M. **Ambientes informatizados:** produção e avaliação de software educativo. Campinas: Papirus, 2001.

PERRENOUD, Philippe. **Construir as competências desde a escola.** Porto Alegre: Artmed, 1999.

PETER, Otto. In: NUNES, Ivônio B. **Noções de educação a distância**, 1992. Disponível em: <http://www.ibase.org.br/~ined/ivoniol.html>. Acesso em: 25 fev. 1997.

PRADO, Maria Elisabette Brisola Brito; ALMEIDA, Maria Elizabeth Bianconcini. Formação de Educadores: fundamentos reflexivos para o contexto da educação a distância. **Educação a distância:** prática e formação do profissional reflexivo. São Paulo: Avercamp, 2009, p. 65-82.

RIBEIRO; MENDONÇA, G.; MENDONÇA, A. A importância dos ambientes virtuais de aprendizagem na busca de novos domínios da EAD. In: Congresso Internacinal de Educação a Distância, 13., 2007, Curitiba. Anais... Curitiba: ABED, 2007. 10p. Disponível em: < http://www.abed.org.br/congresso2007/tc/4162007104526AM.pdf>. Acesso em: 28 maio 2015.

SANCHO, J. M. **Para uma tecnologia educacional**. Porto Alegre: Artmed, 1998.

SANTOS, Edméa; SILVA, Marcos. **Avaliação da aprendizagem em educação online:** fundamentos interfaces e dispositivos relatos de experiência. São Paulo: Loyola, 2006.

SANTOS, Edméa; SILVA, Marcos. **Avaliação da aprendizagem em educação online:** fundamentos interfaces e dispositivos relatos de experiência. São Paulo: Loyola, 2008.

SCHLEMMER, Eliane; SACCOL, Amarolinda Zanela; BARBOSA, Jorge; REINHARD, Nicolau. *M-Learning* **ou aprendizagem com mobilidade:** casos no contexto brasileiro, 2007.

SILVA, Janssen Felipe; HOFFMANN, Jussara; ESTEBAN, Maria Teresa. **Práticas avaliativas e aprendizagens significativas em diferentes áreas do currículo**. Editora Mediação, 2006.

TAJRA, S. F. **Informática na educação:** novas ferramentas pedagógicas para o professor da atualidade. São Paulo: Érica, 2000.

VALENTE, José Armando (org.). **O computador da sociedade do conhecimento**. Campinas: UNICAMP/NIED, 1999.

VALENTE, José Armando; BUSTAMANTE, Silvia Branco Vidal. **Educação a distância:** prática e formação do profissional reflexivo. São Paulo: Avercamp, 2009.

VIANNA, Heraldo Marelim. Avaliação educacional. São Paulo: Ibrasa; 2000.

Valéria Oliveira do Carmo

É doutora em Educação Matemática e Tecnológica pela Universidade Federal de Pernambuco (UFPE-PE) e pedagoga com especialização em Gestão escolar.